代数学 1 群論入門

第2版

雪江明彦 著

日本評論社

はじめに

代数学は代数幾何・整数論・表現論など，非常に興味深い分野を含む数学の分野であり，群・環・体の理論はその基礎である．本書は群・環・体の理論の基本について解説するとともに，代数幾何や整数論で必要になるような，いくぶん進んだ話題についても解説することをめざした，3 巻よりなる代数の教科書である．

第 1 巻では群について，第 2 巻では環・体について解説する．これらは，大学の学部の数学科で教えられる代数の授業の内容である．大学の学部の代数の授業における一つの目標は，一般の 5 次方程式が根号で解けないことを証明することである．このことを最初に証明したのはアーベルだが，そこで用いられたのが群や体の概念である．現在では 5 次方程式が根号で解けないことはガロア理論を使って証明するのが普通だが，いずれにせよ，群の概念が重要な役割を果たす．また，現在では群論は対称性を表すものとして，物理などの分野でも使われるようになっている．

群論は大学の数学科で最初に学ぶ抽象的な概念の一つである．それだけに，最初はその抽象的なスタイルになじめなくて苦労することもある．抽象的な概念は，理論を学ぶとともに，例や演習問題を通して身につけることが大切である．そのような例が豊富な教科書の一つとして，アルティンの教科書 [12] がある．この本は解説もとても親切であり，演習問題も量的に多いだけでなく，初心者でもすぐにできるような問題も含まれているなど，素晴らしい教科書である．本書でめざしたのは，そのような，例・例題とさまざまなレベルの演習問題が豊富な教科書である．

本書の演習問題はテキストを理解していればほとんどあたりまえであるものや，例題と同じやりかたをすればよいものが大半である．そういった問題や証明問題には必ずしも解答をつけなかったが，授業でレポート問題などとして使えるのではないかと思う．また，必ずしもあたりまえでない問題は，小問を設け，解答に誘導するようにしてある．難しいが興味深い問題もごく一部に含まれており，☆を付けた．興味を持たれた方はそういった問題にもチャレンジしてもらいたい．

最近の高校では集合論，特に写像 (関数といってもよい) の概念について十分に時間がかけられていないことも多く，このことが大学で代数を学ぶことを難しくしている．そのため，本書では最初に集合論と論理について復習し，ありがちな誤解について解説した．特に，「well-defined」という概念について詳しく解説した．代数を学ぶ際の最初の難関は，well-defined ということを理解することである．このことがわかれば，代数の最初の授業の目標の 3 割くらいが達成できたといっても過言ではない．群論の目標の一つは，準同型定理と剰余群を理解することだが，そこでも well-defined という概念が重要な役割を果たす．

数学の本を読むときには，「行間を読む」ということがよくいわれ，証明を理解するために自分で証明を補わなければならないということもよくある．しかし本書では，なるべく行間を読む必要がないように心がけた．多くの例・例題・演習問題を含め，丁寧に解説するようにした結果，本書はずいぶん長くなってしまった．そのため，3 巻に分けることにした．

なお第 3 巻では，群・環・体の理論の基本よりもいくぶん進んだ話題である，無限次ガロア拡大・超越拡大・可換環論・テンソル代数と双線形形式・群の表現論・ホモロジー代数などについて解説する．これらは通常の代数の授業で取り扱われることは少ないが，代数幾何や整数論などには必要な概念である．

巻末では代数一般と群論に関する参考文献を紹介した．

東北大学の山崎武氏には集合論に関する助言を多くいただいた．また，本書を出版するにあたり，日本評論社の佐藤大器氏，飯野玲氏には大変お世話になった．ここに感謝の意を表したい．

本書が代数学を学ぼうとする学生諸君に少しでも役にたてば幸いである．

著者しるす

本書を通して，第 2 巻や第 3 巻の定理などを引用する際には，定理 II–1.8.21 などと書く．また，目次や本文で，読み飛ばしてもよい節のタイトルには $*$ を付けた．

第 2 版にあたって

私が日本評論社から「代数学シリーズ」を出版したのは，2010 年から 2011 年にかけてである．それから 10 年以上がたち，この教科書がそれなりに受け入れられていることにはとても感謝している．しかし，10 年の間に沢山のご指摘をいただき，また，自分でもいろいろと不満なところもあった．そろそろ，これまでに考えてきた改訂を実行し，第 2 版化することにした．なお，同時期に英語版も出版するつもりである．

第 2 版で変更する点は第 1 巻に関しては，次の点である．

(1) 零環を排除しない．

(2) 可換な単純群を排除しない．

(3) 有限アーベル群の基本定理を，単因子論を使った，有限生成アーベル群の基本定理に書き直す．

(4) 準同型定理の意義をもう少し書く．

(5) 物理における群の対称性について一言書く．

(6) 値が写像である写像について説明する．

(7) 図をもう少し入れる．

なお，必ずしも間違いではないが，不満があった部分の記述を改善したり，細かい間違いを直したりということは行った．第 1 巻の「群論入門」については，変更の度合いはそれほどは大きくない．第 2 巻，第 3 巻の変更部分については，第 2 巻，第 3 巻のまえがきで説明することにする．

また，新たに演習問題を数題追加した．それらの問題を作題するにあたって，さまざまな大学の大学院入試の問題を参考にした (しかし違う問題になっている)．

九州大学の落合啓之氏には特に沢山の有益なコメントをいただいた．また，第 2 版出版にあたっても日本評論社の佐藤大器氏と飯野玲氏には大変お世話になった．ここに感謝の意を表したい．

著者しるす

目次

第 2 巻目次

第 3 巻目次

第1章
集合論

この章では集合論と論理の基本について復習する．ただし，同値関係については，それが必要となる2.6節で解説する．

群論は抽象的な概念を含む大学の授業としては最初のものの一つである．群論の難しさは，群論自体の内容の難しさではなく，集合論や論理の抽象な概念や議論によるところが多いかもしれない．また，「well-defined」とか「自然な」数学，特に代数でよく使われる表現だが，読者は最初はこういった表現に戸惑うかもしれない．こういった表現については，1.2節で解説する．代数では，集合を一つの点とみなすことがよくあり，特に写像の値が写像であるとき，読者を混乱させることがある．これについては1.3節で解説する．

1.1 集合と論理の復習

本書では，自然数の集合などに以下の記号を用いる．

$\mathbb{N}$： 自然数の集合 $(= \{0,1,2,\cdots\})$

$\mathbb{Z}$： 整数の集合

$\mathbb{Q}$： 有理数の集合

$\mathbb{R}$： 実数の集合

$\mathbb{C}$： 複素数の集合

空集合は $\emptyset$ と書く．A,B を集合とする．a が集合 A の元であるとき，$a \in A$ と書く．A のすべての元が B の元であるとき，A は B の**部分集合**といい，$\boldsymbol{A \subset B}$ と書く．この記号は $\boldsymbol{A = B}$ の場合も含むとする．$A \subset B$ で $A \neq B$ なら，A は B の**真部分集合**であるといい，$\boldsymbol{A \subsetneqq B}$ と書く．流儀によっては，$A \subset B$ は真部分集合の意味で使うこともあるので，注意が必要である．A,B の少なくともどちらかに属する元の集合を**和集合**，両方に属する元の集合を**共通集合**といい，それぞれ $A\cup B, A\cap B$ と書く．**差集合** $A\setminus B$ は A の元であって，B の元ではないもの全体よりなる集合を表す．この記号を用いるときに，B が A の部分集合である必要はない．$A\not\subset B$ は $A\subset B$ の否定である．つまり，$A\setminus B$ が空集合でないことを意味する．$\ni, \notin, \not\ni, \supset$ などの記号も明らかな意味で使うことにする．

例えば $A=\{1,2,3,4,5\}$, $B=\{3,4,5,6,7\}$ なら，

$$A\cup B=\{1,2,3,4,5,6,7\},\quad A\cap B=\{3,4,5\},$$
$$A\setminus B=\{1,2\},\quad B\setminus A=\{6,7\}.$$

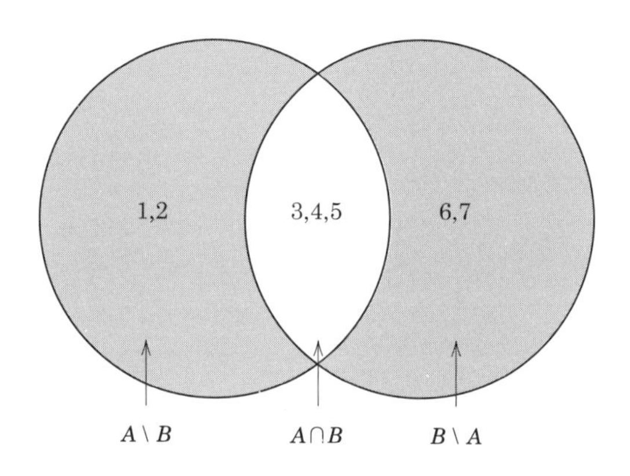

A,B が集合のとき，**集合の直積** $A\times B$ とは，(a,b) $(a\in A,\ b\in B)$ という組からなる集合のことである．この場合，A,B のことを**直積因子**という．$\{x \mid (\text{条件})\}$ は x で (条件) を満たすもの全体の集合のことである．A が有限集合なら，A の元の個数を $|A|$ と書く．A が無限集合なら，A の元の個数に対応して集合の濃度の概念がある．この概念については 1.5 節で復習する．A が無限集合で，濃度が問題にならないときには $|A|=\infty$ と書く．

集合 A の任意の元 a に対し集合 B の元 $f(a)$ がただ一つ定まっているとき，f を A から B への写像という． f が集合 A から集合 B への写像なら，

$$f: A\to B \tag{1.1.1}$$

という記号を使うのが一般的である．写像のことを関数ということもある (特に $B=\mathbb{R},\mathbb{C}$ の場合)．写像による元の対応を示すときには，例えば $f:\mathbb{R}\ni x\mapsto$

$x^2 \in \mathbb{R}$ などと，$\mapsto$ という記号を使う．ただし，元の対応だけを述べるときには，$\to$ という記号を使うこともある．特に，2.1 節で定義する置換の場合には，$1 \to 2$ などと書くことが多い．写像 $f: A \to B$ に対し $A \times B$ の部分集合 $\{(a, f(a)) \mid a \in A\}$ を写像 f の**グラフ**という．グラフを写像の定義とする考え方もある．つまり，写像とは，$A \times B$ の部分集合 Γ で，任意の $a \in A$ に対し $(a,b) \in \Gamma$ となる $b \in B$ が存在し，$(a,b),(a,b') \in \Gamma$ なら $b = b'$ となるものと定義するのである．

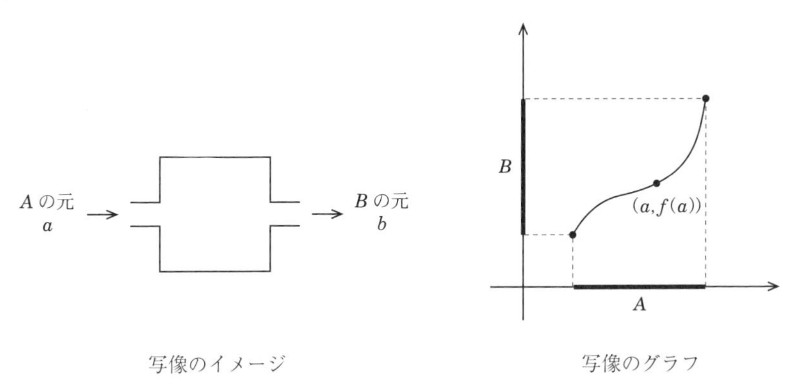

写像のイメージ　　写像のグラフ

$f: A \to B$ が写像で $A' \subset A$ のとき，$a \in A'$ に対し $f(a) \in B$ を対応させる写像を $g: A' \to B$ とする．g を f の**制限**，f を g の**拡張**または**延長**という．

A を集合とするとき，A の元の列とは，$\mathbb{N}$ から A への写像のことである．$\mathbb{N}$ から A への写像の $n \in \mathbb{N}$ での値が x_n なら，この列を $\{x_n\}_n$，あるいは $\{x_n\}$ と表す．これは集合 $\{x_0, x_1, x_2, \cdots\}$ と混同の恐れがあるが (集合は順序に関係しない)，列にはこの記号を使うことが多く，また混同の恐れがないような状況で使うことが多いので，$\{x_n\}$ という記号を使うことにする．

$f: A \to B$ を写像とする．$a \in A$ で $f(a) = b$ のとき，$\boldsymbol{b}$ **は** $\boldsymbol{a}$ **の像である**という．もっとくだけた表現では，a は b に「**行く**」ともいう．また，b は集合 A から「**来ている**」などともいう．部分集合 $S \subset A$, $T \subset B$ に対し，

$$f(S) = \{f(a) \mid a \in S\}, \qquad f^{-1}(T) = \{a \in A \mid f(a) \in T\}$$

とおき，それぞれ，$\boldsymbol{S}$ **の像**，$\boldsymbol{T}$ **の逆像**という．$T = \{b\}$ のときは，$f^{-1}(T)$ のことを $f^{-1}(b)$ とも書く．$S = \{a\}$ のとき，$f(\{a\})$ と $f(a)$ を同一視することもあるが，厳密には $f(\{a\})$ は $\{f(a)\}$ のことである．$\boldsymbol{f^{-1}}$ **は一般には写像では**

ないので注意が必要である．例題 1.1.6 では，逆像に関するありがちな誤解について解説する．

次の命題は定義より従う．

命題 1.1.2　$f : A \to B$ を写像とすると，次の (1), (2) が成り立つ．

(1)　$S \subset T \subset A$ が部分集合なら，$f(S) \subset f(T)$.

(2)　$S \subset T \subset B$ が部分集合なら，$f^{-1}(S) \subset f^{-1}(T)$.

$a, a' \in A$, $f(a) = f(a')$ なら $a = a'$ という条件が満たされるとき，f は**単射**であるという．任意の $b \in B$ に対し $a \in A$ があり $f(a) = b$ となるとき，f は**全射**であるという．写像が単射かつ全射なら，**全単射**であるという．単射などの用語を単射な写像の意味で使うこともある．集合 A から集合 B への全単射写像があるとき，集合 A と集合 B は**1対1に対応する**という．$A \subset B$ なら，A の元を B の元とみなす写像のことを**包含写像**という．

例 1.1.3 (像・逆像)　$A = \{1,2,3,4\}$, $B = \{5,6,7,8\}$, $f : A \to B$ が写像で，$f(1) = 5$, $f(2) = 6$, $f(3) = 6$, $f(4) = 7$ とする．このとき，以下が成り立つ．

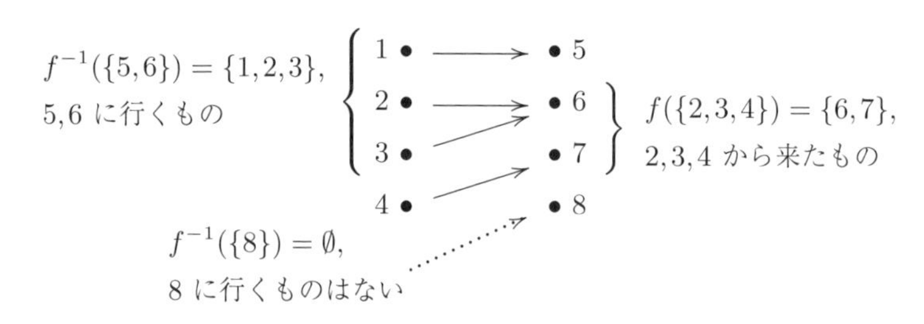

◇

例 1.1.4　$\mathbb{R}_{>0}$ を正の実数の集合とする．$\mathbb{R}\setminus\{0\}$ から $\mathbb{R}_{>0}$ への写像 $x \to x^2$ は全射だが，単射ではない．しかし，この写像を $\mathbb{R}_{>0}$ に制限すると全単射である．◇

定義 1.1.5 (写像の合成・逆写像)　(1)　集合 A から A への写像 f で，すべての $a \in A$ に対し $f(a) = a$ となるものを**恒等写像**といい，id_A と書く．

(2)　$f : A \to B$, $g : B \to C$ が写像なら，A から C への写像 $g \circ f$ を $g \circ f(a) = g(f(a))$ と定義し，f, g の**合成**という (次ページの左図参照).

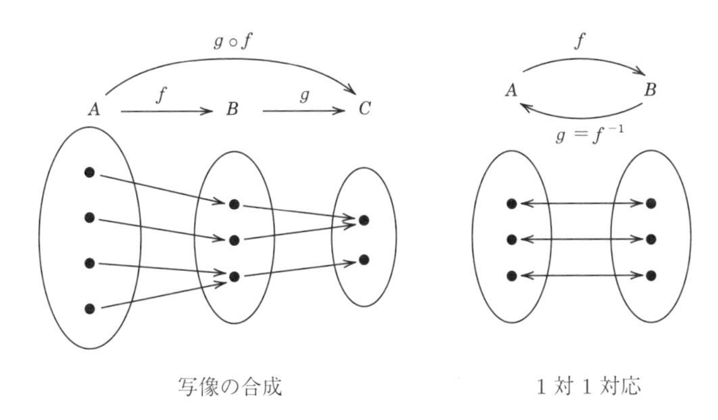

写像の合成　　1 対 1 対応

(3)　A,B が集合，$f:A\to B$，$g:B\to A$ が写像で，$g\circ f=\mathrm{id}_A$，$f\circ g=\mathrm{id}_B$ であるとき，f,g は互いの**逆写像**といい，$g=f^{-1}$，$f=g^{-1}$ と書く．逆写像のことを**逆関数**ともいう．◇

写像の合成は結合法則を満たす．つまり，$f:A\to B, g:B\to C, h:C\to D$ が写像なら，

$$\boldsymbol{(h\circ g)\circ f=h\circ(g\circ f)}$$

である．

写像 $f:A\to B$ が逆写像を持つことと，全単射であることは同値である．これはやさしいが演習問題 1.1.5 とする．これより，f が逆写像を持つときには，A,B は 1 対 1 に対応する．だから，**f は 1 対 1** であるともいう (上右図参照)．逆写像にも逆像にも f^{-1} という記号を使うが，習慣上やむをえない．だから，**f^{-1} という記号を使うときには，逆写像・逆像どちらの意味で使うのか細心の注意が必要である．**

次の例題は本来集合論の教科書で扱われるべきだが，確認のために解説する．

> **例題 1.1.6**　$f:A\to B$ を写像とするとき，次の (1), (2) が同値であることを証明せよ．
>
> (1)　f は単射である．
>
> (2)　任意の部分集合 $S\subset A$ に対し，$f^{-1}(f(S))=S$ である．

解答　論理については後で解説するが，とりあえず読者は「同値」というこ

とはわかっているものとして解説する．

(1) ⇒ (2)：$S \subset A$ を任意の部分集合とする．$a \in S$ なら，$f(a) \in f(S)$ である．$f(S)$ は S の元から来ている元全体の集合なので，これはあたりまえである．$f^{-1}(f(S))$ は行き先が $f(S)$ に入る元全体の集合なので，$a \in f^{-1}(f(S))$ である．よって，$S \subset f^{-1}(f(S))$ である (f の単射性はまだ使っていない)．

$a \in f^{-1}(f(S))$ とすると $f(a) \in f(S)$ である．$f(S)$ の定義より，$a' \in S$ があり $f(a) = f(a')$ となる．f が単射なので，$a = a'$．よって $a \in S$ となるので，$f^{-1}(f(S)) \subset S$ である．したがって，$f^{-1}(f(S)) = S$ である．

(2) ⇒ (1)：$a, a' \in A$ で $f(a) = f(a')$ とする．$S = \{a\}, \{a'\}$ とすれば，仮定より $\{a\} = f^{-1}(f(\{a\})), \{a'\} = f^{-1}(f(\{a'\}))$ である．$f(a) = f(a')$ なので，$\{a\} = \{a'\}$ となる．したがって，$a = a'$ である．□

以下，**例題 1.1.6 の誤解答について解説する**．群・環・体の授業で最初にレポート問題を出題すると，何を当然のこととして書いてよくて，何を仮定してはいけないかに関する誤解をはじめとして，さまざまなパターンの間違いが噴出するものである．ここでそのような誤解について書いておくことは，これからレポートなどを書くのに役に立つのではないかと思う．今後は以下ほど詳細には解説しない．

(a) レポートを書くことに慣れていない学生諸君の中には，「$f(x) = y$ となる y をとる」などと書く人が一定の割合いる．f は写像であり，x に対して $f(x)$ はただ一つ定まるので，このような書き方はおかしい．「$y = f(x)$ とおく」と書けばよい．逆像の元の場合は別である．つまり，$f^{-1}(y) \neq \emptyset$ なら，「$f(x) - y$ となる x をとる」などと書くことはありえる．これは $f(x) = y$ となる x が一つには定まらないかもしれないからである．

(b) **証明しようとすることを仮定してはいけない**．証明しようとすることを仮定することを**循環論法**という．循環論法はいけないと認識していても，いざ自分が何かを証明しようとすると，考えが混乱しているうちに，証明しようとしていることを仮定してしまっている，ということもよくある．これでは解答がまったく意味をなさなくなる．例えば，$f^{-1}(f(S)) = S$ を証明しようとする途中で $f^{-1}(f(S)) = S$ を仮定してしまうことなどがこの間違いである ((e) 参照)．

(c) $f^{-1}(f(a))$ は集合なのに，集合の元と混同するのは厳密には間違いである．(2) が正しければ，厳密には $f^{-1}(f(\{a\})) = \{a\}$ であり，$f^{-1}(f(a)) = a$ ではない．なお，$f^{-1}(f(a))$ は $f^{-1}(\{f(a)\})$ とみなすと 3 ページで宣言しているので，$f^{-1}(f(a)) = \{a\}$ と書いてもよい．

(d) f^{-1} は写像ではないので，写像のように扱ってはいけない．「$f^{-1}(b) = a$ とおく」，あるいは「$f^{-1}(b) = a$ となるような a をとる」は間違いである．そもそも左辺は A の部分集合であり，右辺は A の一つの元なので，等号が成り立つかどうか考えることじたいがおかしい．また，「$f^{-1}(b) = a$ とおき」などとすると，空集合かもしれない $f^{-1}(b)$ に元があるかのようになり，それ以降の議論がすべて無駄になる．T を B の部分集合とするとき，「$b \in T$ なので，$f^{-1}(b) \in f^{-1}(T)$」などと書くのもこの誤解にもとづいている．f^{-1} は写像ではないので，$f^{-1}(b)$ は A の部分集合である．よって，$f^{-1}(b) \subset f^{-1}(T)$ である．ただし，両方とも空集合になることもありえる．(1) $\Rightarrow$ (2) で「$f(a) \in f(S)$ なので，$a = f^{-1}(f(a)) \in f^{-1}(f(S)) = S$」などと勝手に逆写像が存在するかのように書くことなどもこのパターンの間違いである．

(e) (1) $\Rightarrow$ (2) で $f^{-1}(f(S)) \subset S$ を示すのに，「f が単射で $f(x) \in f(S)$ なので，$x \in S$」などと書く人が一定の割合でいるが，これは何も書いていないに等しい．「A ならば B」ということを示すのには，A の定義を使って B の定義を導き出すべきである．「$f(x) \in f(S)$ なら $x \in S$ 」というのはほとんど「$f^{-1}(f(S)) \subset S$」と同値である．だから上のように書くということは「f が単射だから $f^{-1}(f(S)) \subset S$」と書くのとほとんど同じであり，これは証明しようとしていることを証明なしにただ書いているのと同じことである．f が単射ということの定義は「$f(a) = f(a')$ なら $a = a'$」なので，このことと「$f(x) \in f(S)$ なので，$x \in S$」ということには小さな隔たりがある．このようなときには，$f(S)$ の定義に戻って $f(x) \in f(S)$ であるということを正直に解釈してみるべきである．もちろん学ぶ内容によっては，例題の主張じたいがあたりまえということもあるが，このような例題で，完全な論理で解答を書くことができないと，未知の主張の正誤を自分で判断することは不可能である．

(f) (2) $\Rightarrow$ (1) で，単射の定義は「$f(a) = f(a')$ なら $a = a'$」であり，この主張には (2) のような S は出てこない．それにもかかわらず，(2) の中に出てく

る S に影響され，いきなり「$a,a' \in S$」などと，定義してもいない S を持ち出すことがあるが，これは非常によくある間違いである．単射であることを証明するには，(2) を使って，「$f(a) = f(a')$」を仮定して $a = a'$ であることを導かなくてはならない．そのときに，(2) の S として $\{a\}$ などのように特定の S を指定して使うべきである．

(g)　この例題は背理法を使って解答することもできる．背理法は主張の否定を仮定して矛盾を導くものだが，主張の否定が正しく認識できないということもある．主張の否定については後でまた解説する．

読者には上のような間違いが当然間違いであると認識できるようになってもらいたいものである．

有限集合に関する次の命題はほとんどあたりまえだが，後で有用になる．

命題 1.1.7　A,B が有限集合で $|A| = |B|$ なら，次の (1), (2) が成り立つ．

(1)　$A \subset B$ なら，$A = B$ である．

(2)　$f : A \to B$ が写像なら，f が単射であることと，全射であることは同値である．したがって，このとき f は全単射になる．

証明　(1)　$B = A \cup (B \backslash A)$ で $A \cap (B \backslash A) = \emptyset$ なので，$|B| = |A| + |B \backslash A|$ である．$|A| = |B|$ なら $|B \backslash A| = 0$ となるので，$B \backslash A = \emptyset$，つまり $B = A$ である．

(2)　f が単射とする．このとき，$|f(A)| = |A| = |B|$ である．したがって，(1) より $f(A) = B$ となり，f は全射になる．逆に f が全射とする．任意の $b \in B$ に対し，$a_b \in A$, $f(a_b) = b$ となる元 a_b を選んでおく (B は有限集合なので，これは後で解説する「選択公理」とは関係しない)．$b,b' \in B$, $b \neq b'$, $a_b = a_{b'}$ なら，$b = f(a_b) = f(a_{b'}) = b'$ となり矛盾である．したがって，$b \neq b'$ なら，$a_b \neq a_{b'}$．よって，集合 $\{a_b \mid b \in B\} \subset A$ の元の個数は $|B| = |A|$ に等しい．したがって，(1) より $\{a_b \mid b \in B\} = A$．これは，任意の $b \in B$ に対し，$f^{-1}(b)$ が一つの元よりなることを意味し，f は単射になる．　□

以上集合論について復習したが，以下では論理について復習する．「A ならば B」というような主張は数学ではよくあるが，この主張が正しいのは A が正しくないか，A が正しく，B も正しい場合である．よって，A が正しくなければ，B がどんな主張でも「A ならば B」は正しい．例えば，「もし自然数 1 と 2 が等しければ，リーマン予想は正しい」という主張は正しい．しかし，これはリーマン予想が正しいということを意味するわけではない．「A ならば B」という主張が正しいとき，A は B の**十分条件**，B は A の**必要条件**であるという．「A ならば B」と「B ならば A」が正しいとき，A と B は**同値**，あるいは互いの**必要十分条件**であるという．

A が B と同値であることを示すには，「A ならば B」と「B ならば A」両方を示さなければならない．これはあたりまえのように思えるが，演習問題の解答などでは意外と守られないルールである．例えば，次の問題を考えてみよう．

問題 $m>0$ を整数とする．集合 $X=\{1,\cdots,m\}$ から集合 $Y=\{-1,0,1\}$ への写像 f に対して $a(f)=\sum_{i=1}^{m} f(i)$ とする．このとき，$a(f)$ の可能性をすべてもとめよ．

この問題の答えは $\{-m,\cdots,m\}$ であることが容易に推察できる．この場合，主張 A を「n は $a(f)$ という形の整数である」，主張 B を「n は $-m$ 以上 m 以下の整数である」とすると，A ⇒ B, B ⇒ A の両方を示さないと，この問題に解答したことにならない．A ⇒ B は $-m \leqq a(f) \leqq m$ を示すことに対応し，B ⇒ A は，$-m \leqq n \leqq m$ なら $a(f)=n$ となる写像 $f: X \to Y$ があることを示すことに対応する．この B ⇒ A にあたることは見過ごされがちである．また，一般に A ⇒ B, B ⇒ A のどちらかが明らかな場合でも，「B ⇒ A は明らかである」などと，必ず両方向について書く習慣をつけるべきである．

一般に，**「A という性質をもつ対象を求めよ」というタイプの問題の場合，A という性質を持つなら＊＊＊というものになる，という部分とともに，＊＊＊というものは性質 A を持つ，ということを証明することが必要である．**

最後に主張の否定について解説する．

「A ならば B」という主張に対し，「B でないならば A でない」は先の主張の**対偶**といい，これら二つの主張は同値である．**背理法**は「A かつ B でないなら矛盾 (おおくの場合 A でない)」を証明するものなので，対偶を証明するのとかなり似ている．このように証明において，背理法を使ったり対偶を証明することがよくあるので，与えられた主張の否定は何かを正確に理解する必要がある．なお，主張の否定とは，真偽が逆になる主張のことである．

主張の否定が問題になるのは，主に次の二つの場合である．

(1)「すべての…に対しある…が存在して…」というような主張の場合
(2)「A ならば B である」というような主張の場合

これから便宜的に ${}^{\exists}x$ (ある x が存在して), ${}^{\forall}y$ (すべての y に対して) などという記号を使うことにする．

(1) のタイプの主張の否定は，$\exists$ と $\forall$ をそれぞれ $\forall$ と $\exists$ に代え，主張の部分をその否定にすればよい．例えば，

$${}^{\forall}x\,{}^{\forall}y\,{}^{\exists}z,\ xz-y^2=0 \quad \text{の否定は} \quad {}^{\exists}x\,{}^{\exists}y\,{}^{\forall}z,\ xz-y^2\neq 0$$

となる．x などに条件がついている場合も，その条件をそのまま使えばよい．例えば，$x\in\mathbb{R}$ を固定するとき，

$${}^{\forall}\varepsilon>0, {}^{\exists}\delta>0,\ \left|\frac{1}{x+\delta}-\frac{1}{x}\right|<\varepsilon \quad \text{の否定は} \quad {}^{\exists}\varepsilon>0, {}^{\forall}\delta>0,\ \left|\frac{1}{x+\delta}-\frac{1}{x}\right|\geqq\varepsilon$$

となる．

(2) の場合を考える．「A ならば B」が正しくないのは「A であり B でない」ときのみなので，「A ならば B」の否定は「A であり B でない」である．例えば，「$f:A\to B$ が単射なら，すべての $S\subset A$ に対して $f^{-1}(f(S))=S$ となる」の否定は，「$f:A\to B$ が単射であり，ある $S\subset A$ があり，$f^{-1}(f(S))\neq S$ となる」である．

ある主張が正しくないことを証明するのは，その否定を証明することと同値である．特に，「すべての x に対して…」という形の主張が正しくないことを示すには，「…」が成り立たない x の例を一つみつければよい．そのような例を**反例**という．例えば，「任意の 2×2 行列 A,B に対して $AB=BA$ である」という主張は正しくないが，

$$A=\begin{pmatrix}1&2\\3&4\end{pmatrix},\ B=\begin{pmatrix}5&6\\7&8\end{pmatrix} \quad\Longrightarrow\quad AB=\begin{pmatrix}19&22\\43&50\end{pmatrix},\ BA=\begin{pmatrix}23&34\\31&46\end{pmatrix}$$

なので，$AB\neq BA$ となり，これが反例である．

この場合，A,B の成分を $a_{11},\cdots,b_{22}$ などと変数にして AB,BA を計算し，AB,BA の成分が多項式として違うから $AB\neq BA$，と結論するのは必ずしも正確ではない．多項式がみかけ上違っていても，整理すると等しくなることもあるので，具体的な値を使ってはっきりとした反例をみつけるほうが，主張が

正しくないことの証明として優れているのである．むしろ，反例をみつけないかぎり，主張が正しくないことを証明したことにはならないといってよい．

1.2　well-defined と自然な対象

代数では「well-defined である」，「自然な…」などとよくいうが，これらについて解説する．

well-defined というのは定義が確定するときに用いられる表現である．例えば，指数関数 a^x を次のように定義したとする．

定義　a を正の実数とする．$x \in \mathbb{R}$ なら，x を有理数列 $\{x_n\}$ の極限として $x = \lim_{n\to\infty} x_n$ と表し，$a^x = \lim_{n\to\infty} a^{x_n}$ と定義する．

この定義は well-defined ということの二つの意味に関係している．

これは有理数 x_n に対しては a^{x_n} は定義されていると仮定したうえでの a^x の定義だが，$a^x = \lim_{n\to\infty} a^{x_n}$ と定義しているので，そもそもこの極限が存在しなければ話にならない．このように，**定義で使われる方法が実際にうまくいく**というのが，定義がうまくいくための最低条件である．

この場合には，もう一つ問題になることがある．それは，この定義が x に収束する有理数列のとりかたに表面的には依存しているという点である．よって，**これが $\boldsymbol{a^x}$ の定義であるためには，$\boldsymbol{\lim_{n\to\infty} a^{x_n}}$ が $\boldsymbol{x}$ に収束する有理数列 $\boldsymbol{\{x_n\}}$ のとりかたによらないということを示す必要がある**．だから，極限の存在とこのことが示せたとき，**この定義は well-defined である**といい，上の定義は確定するのである．

二つ目の問題を図にすると下のようになる．

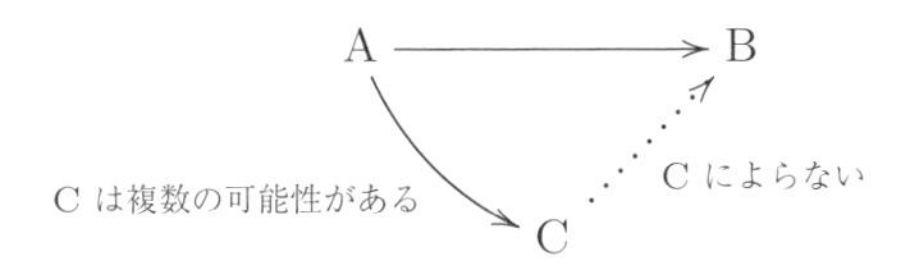

つまり，A という数学的対象から，B という数学的対象を定義するとき，A から複数定まる C という数学的対象を経由して B を定めるとする．このとき，B の定義が C によらないことを示してはじめて B の定義が確定する．このような

ときに，**この定義は well-defined である**というのである．

まとめると，以下の二つが示せたとき，定義が well-defined であるという．

(1) 定義で使われる方法が実際にうまくいく．

(2) 定義がもともとの対象から複数定まる対象を経由して行われる場合，結果がもともとの対象にのみ依存する．

次に「自然な対象」について述べる．これは多少曖昧だが，代数ではよく使う表現である．III–6.2 節で「圏・関手」といった概念について解説するが，**要するに関手で定義された対象が自然な対象である**．第1巻・第2巻では，なるべく「圏・関手」といった概念は使わずに解説するので，「自然な対象」というものをもう少しくだけた言葉で表現すると次のようになる．

A を数学的な対象とするとき，A のみから，それ以外の情報を使わずに定義できる数学的対象を A より自然に定まる対象であるという．

例 1.2.1 (1) A を集合とするとき，A の部分集合全体の集合 $\mathscr{P}(A)$ は A より自然に定まる．

(2) $A=\mathbb{R}$, $B=\{0,1,2\}$ なら，部分集合 B は A より自然に定まる対象ではない．

(3) A,B を集合とするとき，A から B への写像全体の集合は A,B より自然に定まる．しかし，例えば $A=B=\mathbb{R}$ であるとき，$f(x)=x^2$ で定まる写像は A,B より自然に定まる対象ではない．

(4) A を集合とするとき，A の恒等写像 id_A は A より自然に定まる．

(5) A を実数を成分に持つ $m\times n$ 行列とするとき，A の列ベクトルで張られる $\mathbb{R}^m$ の部分空間は A より自然に定まる．

(6) ℓ を平面上の直線とするとき，ℓ 上の2点 $\mathrm{P}_1=(x_1,y_1)$, $\mathrm{P}_2=(x_2,y_2)$ からできるベクトル (x_2-x_1,y_2-y_1) は ℓ より自然に定まる対象ではない．しかし，$\mathrm{P}_1,\mathrm{P}_2$ より自然に定まる対象ではある． $\diamond$

ある対象に関して何かを証明しようとするとき，それから定まる自然な対象がもしあれば，それは証明の手がかりになる．そのため，自然な対象というものが意味を持つのである．

1.3　値が写像である写像

well-defined という概念と同様に，値が写像である写像も誤解されやすい概念なので，これについて述べる．

簡単のために，例を使って説明する．$X = \{1,2\}$, Y を $\mathbb{R}$ から $\mathbb{R}$ への写像全体のなす集合とする．f_1, f_2 をそれぞれ，$\mathbb{R}$ 上で恒等的に 1,2 である写像とすると，$f_1, f_2 \in Y$ である．写像 $\phi: X \to Y$ を $\phi(1) = f_1$, $\phi(2) = f_2$ と定義する．このとき，ϕ は単射だろうか？

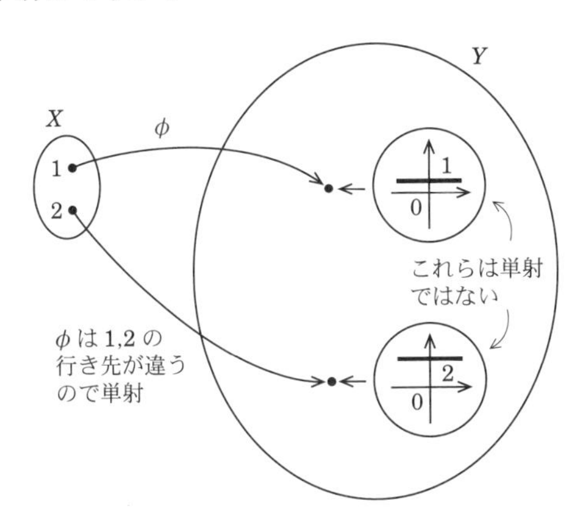

答えは Yes だが，その理由を説明する (これを「あたりまえ」と感じられる読者は以下を読む必要はない)．異なる元の行き先が異なるというのが，単射の定義である．今の状況では，X には異なる元が二つしかないので，1,2 の行き先が異なればよい．よって，f_1, f_2 が異なる写像であれば，ϕ は単射である．f_1, f_2 は値が異なるので，異なる写像である．したがって，ϕ は単射である．

この問題では,「f_1, f_2 は $\mathbb{R}$ から $\mathbb{R}$ への写像としては単射ではない．だから ϕ は単射ではない」などというのが典型的な誤解である．これは「写像を一つの元とみる」という考え方が身についていないことに原因がある．ここでは ϕ の値となっている写像が単射であるかどうかというのが問題になっているのではなく，ϕ そのものが写像を値とする写像として単射になっているかどうかということが問題なのである．

Z を X から Y への写像全体の集合とすると，$\phi \in Z$ だが，$f_1, f_2 \in Y$ であり，ϕ と f_1, f_2 は違う集合に属する．くだけた表現では，このようなとき，ϕ

と f_1, f_2 は「住んでいる世界が違う」などということもある．上は住んでいる世界が違う対象を混同して考える誤解である．

1.4　選択公理とツォルンの補題

この節では無限集合と選択公理について復習する．

Λ を集合とし，各 $\lambda \in \Lambda$ に対し集合 A_λ が (集合論的な論理式で) 与えられているとする．このようなとき，$\{A_\lambda\}_\lambda$ を **Λ を添字集合に持つ集合族**という．この状況で $\{A_\lambda\}_\lambda$ が集合であると認めるというのは，公理的集合論で『置換公理』とよばれる公理である．したがって，$\lambda \in \Lambda$ に A_λ を対応させると，Λ から $\{A_\lambda\}$ への写像が定まる．

集合族 $\{A_\lambda\}$ があるとき，その和集合 $\bigcup_\lambda A_\lambda$ を集合と認めるというのも公理的集合論で公理として認められていることである．よって，結果的には集合族 $\{A_\lambda\}$ があれば，すべての A_λ を含む集合がある．一般的に集合論において注意すべきなのは，大きすぎる対象を考えることだが，集合族があれば，すべての A_λ を含む集合の存在があらかじめわかっていなくても，和集合を考えてもよく，結果的にそのような集合の存在がわかる．

例えば，$\mathbb{R}_{>0}$ を正の実数の集合とし，$\lambda \in \mathbb{R}_{>0}$ に対し $I_\lambda = [0, \lambda] \subset \mathbb{R}$ とおく．すると，$\{I_\lambda\}_\lambda$ は $\mathbb{R}_{>0}$ を添え字集合とする集合族である．この場合は $\bigcup_\lambda I_\lambda = [0, \infty)$ である．もう一つ例を考える．X を集合とし，集合の列 $X_0, X_1, \cdots$ を帰納的に $X_0 = X$, $X_1 = \mathscr{P}(X_0), \cdots, X_{n+1} = \mathscr{P}(X_n), \cdots$ と定める ($\mathscr{P}(X_0)$ などは，すべての部分集合よりなる集合である)．すると，$\{X_n\}_n$ も $\mathbb{N}$ を添え字集合とする集合族である．したがって，$\bigcup_n X_n$ は集合となる．この集合は巨大に成り得る．

上の例のように，自然数 n に対し集合 A_n が帰納的に定まる場合なども $\{A_n\}$ は集合族である (ただし A_n が n から直接記述できる場合を除いて，これが集合族であることは後で述べる選択公理に依存する場合もある)．特に，$A_1 \subset A_2 \subset A_3 \subset \cdots$ などという集合族があるとき，$\bigcup_n A_n$ は集合である．

集合族 $\{A_\lambda\}$ があれば，その直積 $\prod_{\lambda \in \Lambda} A_\lambda$ を考えることができる．すべての A_λ を含む集合 X が存在するので，**厳密には，直積とは Λ から X への写像**

$\boldsymbol{f}$ **であり，すべての $\boldsymbol{\lambda} \in \boldsymbol{\Lambda}$ に対し，$\boldsymbol{f(\lambda)} \in \boldsymbol{A_\lambda}$ となるもの全体の集合である**と定義する．この場合にも A_λ のことを直積因子という．直積の元は $(a_\lambda)_{\lambda \in \Lambda}$, (a_λ) などと表す．

$\{X_i\}$ が I を添字集合とする集合族であるとき，仮に $X_i \cap X_j \neq \emptyset$ となる $i \neq j$ があっても，各 X_i と 1 対 1 に対応する部分集合を含み，それらの交わりのない和になっている集合を以下のようにして人工的に作ることができる．

$X = \bigcup_i X_i$, $Y = X \times I$ とおく．Y_i を Y の部分集合で $x \in X_i$ により (x,i) という形をした元全体よりなるものとすると，Y_i は X_i と 1 対 1 に対応する．$Z = \bigcup_i Y_i$ とおくと，Z が求めるものである．これを集合族 $\{X_i\}$ の**直和**といい，$\coprod_i X_i$ と書く．

I, X が集合で，$i \in I$ に対し部分集合 $X_i \subset X$ があり，

$$X = \bigcup_{i \in I} X_i, \quad X_i \cap X_j = \emptyset \ (i \neq j)$$

となるとき，X は上で定義した $\coprod_{i \in I} X_i$ と 1 対 1 に対応するので，X は $\{X_i\}$ の直和であるとみなすことができる．よって，この状況のときも $X = \coprod_{i \in I} X_i$ と書く．

直観的には，**選択公理**とは，空でない集合の族 $\{A_\lambda\}$ に対し，各 A_λ から元 a_λ を選ぶことができるというものである．もう少し正確には次のように定式化する．

公理 1.4.1 (選択公理)　$\{A_\lambda\}$ を $\lambda \in \Lambda$ を添字集合とする空でない集合よりなる集合族とするとき，直積 $\prod_{\lambda \in \Lambda} A_\lambda$ は空集合ではない．　◇

選択公理は通常の公理系と独立であることが知られている．**本書では，選択公理を認めることにする．**

上の公理が問題になるのは，Λ が無限集合のときだけである．ただし，無限個の直積だからといって，それが空集合でないことが常に問題になるわけではない．例えば，$\mathbb{N}$ を添字集合とする集合族 $A_n = \mathbb{Q}$ を考えると，$\prod_n \mathbb{Q}$ にはすべての $n \in \mathbb{N}$ に対し $0 \in \mathbb{Q}$ を対応させる直積の元があるので，$\prod_n \mathbb{Q}$ が空集合でないことは選択公理には依存しない．また，直積が空集合でないことから，非

常にたくさんの元があることがわかることも多い．

選択公理が問題になるのは次のような状況である．

X を無限集合とするとき，X の異なる元よりなる無限列を作りたいとする．Y を X の空でない部分集合全体よりなる集合とする (それは集合論の公理により集合であると認められている)．$Z = \prod_{A\in Y} A$ とおくと，選択公理よりこれは空集合ではない．そこで $(b(A)) \in Z$ とする．$a_1 = b(X)$ とし，$a_1,\cdots,a_n \in X$ まで決まったら，$a_{n+1} = b(X\setminus\{a_1,\cdots,a_n\})$ とおく (この部分には選択公理は使わない)．すると，X の異なる元による無限列が得られる．

次に，選択公理と関連した「ツォルンの補題」について解説する．そのために，集合上で定義される「関係」について復習する．

集合の二つの元に「関係がある」とは集合の言葉ではどのように述べたらよいのだろう？　例えば，$\mathbb{R}$ 上での大小関係 $x \leqq y$ は関係である．このとき，$R = \{(x,y) \in \mathbb{R}^2 \mid x \leqq y\}$ とおくと，$x \leqq y$ であることと，$(x,y) \in R \subset \mathbb{R}\times\mathbb{R}$ であることは同値である．そこで，関係というものを次のように定義することにする．

定義 1.4.2 (関係)　S を集合とするとき，S 上の**関係**とは $S\times S$ の部分集合のことである．$R \subset S\times S$ を関係とするとき，$x,y \in S$ が $(x,y) \in R$ であるとき，x,y は関係 R があるといい，そうでないとき，関係 R がないという．　◇

関係は S の二つの元に対して定義されるので，通常 $=, \leqq, \prec, \sim, \equiv$ などの記号を使い (記号は何でもよい)，関係があるとき，$x = y$, $x \leqq y$, $x \prec y$, $x \sim y$, $x \equiv y$ などと表される．**その関係がないときには，通常 $x \neq y$, $x \nleqq y$, $x \nprec y$, $x \nsim y$, $x \not\equiv y$ などと表される．$y \geqq x$ や $y > x$ などの記号は $x \leqq y$ や $x < y$ と同じであると解釈する．**

例 1.4.3 (関係 1)　S を集合とする．$R = \emptyset$ なら，どんな二つの元も関係がない．$R = S\times S$ なら，どんな二つの元も関係がある．　◇

例 1.4.4 (関係 2)　$S = \mathbb{R}$, $R = \{(x,y) \in \mathbb{R}^2 \mid x^2 + y^2 \leqq 1\}$ とする．すると，1,1 には関係はないが，1/2,1/3 には関係がある．　◇

ツォルンの補題について述べるために順序の概念について復習する．

定義 1.4.5 集合 X 上の関係 $\leqq$ が次の (1)–(3) の条件を満たすときに**半順序**という．以下，x,y,z は X の元を表す．

(1) $x \leqq x$.

(2) $x \leqq y,\ y \leqq z \Longrightarrow x \leqq z$.

(3) $x \leqq y,\ y \leqq x \Longrightarrow x = y$.

さらに，任意の $x,y \in X$ に対し

(4) $x \leqq y$ または $y \leqq x$ が成り立つ．

という条件が満たされるなら，$\leqq$ を**全順序**という．半順序を持つ集合を**半順序集合**，全順序を持つ集合を**全順序集合**という． ◇

例 1.4.6 集合 $X = \mathbb{R}$ 上で $\leqq$ が通常の不等号なら，$\leqq$ は全順序である． ◇

例 1.4.7 A を空集合でない集合，X を A のすべての部分集合よりなる集合とする．$S_1,S_2 \in X$ に対し，$S_1 \subset S_2$ なら $S_1 \leqq S_2$ と定義する．これは X 上の半順序である．この半順序を**通常の包含関係による順序**という．

例えば，$A = \mathbb{Z}$，$S_1 = \{2,3\}$，$S_2 = \{1,2,3\}$，$S_3 = \{3,4\}$ なら，$S_1 \leqq S_2$ だが，$S_1 \not\subset S_3$，$S_3 \not\subset S_1$ である．したがって，これは全順序ではない． ◇

定義 1.4.8 (1) X を半順序集合，$S \subset X$ を部分集合とする．$x_0 \in X$ がすべての $y \in S$ に対し $y \leqq x_0$ という条件を満たすなら，x_0 は S の**上界**であるという．

(2) $x \in X$ が順序に関して**極大元**であるとは，「$x \leqq y$ なら $y = x$」という条件が成り立つことである． ◇

注 1.4.9 $\mathbb{R}$ の部分集合 $[0,1)$ の通常の意味での上限は 1 である．しかし，1, 10.1 など 1 以上のすべての実数は上の意味での上界である． ◇

> **定理 1.4.10** X は半順序集合で，X の任意の全順序部分集合が上界を持つなら，X は極大元を持つ．

上の定理は**ツォルン (Zorn) の補題**として知られていて，選択公理と同値である．本書では選択公理からツォルンの補題を証明すること，あるいはその逆を証明することは行わない．ツォルンの補題の証明については松坂和夫著『集合・位相入門』[1, p.108, 定理 5] を参照せよ．

1.5　集合の濃度

この節では，集合の濃度の概念について復習する．ただし，**本書では無限集合 $\boldsymbol{A}$ の濃度 $|\boldsymbol{A}|$ そのものは定義せずに，$\boldsymbol{A}, \boldsymbol{B}$ が集合のとき，$\boldsymbol{A}, \boldsymbol{B}$ の濃度の大小関係 $|\boldsymbol{A}| \leqq |\boldsymbol{B}|$ だけ定義することにする**．だから，A が無限集合なら，その濃度 $|A|$ というものを単独で考えることはない．

集合を考える際に注意すべきことは，**すべての集合の集まりは集合ではない**ということである．2.6 節では，同値関係と同値類について復習するが，集合全体の集まりに同値関係を導入するわけにはいかない．だから，1 対 1 に対応する集合すべてを同一視してそれを濃度と定義することはできないが，「順序数」という概念を定義し，与えられた集合と同じ濃度を持つ最小の順序数がただ一つ定まることを証明することにより，その順序数を集合の濃度と定義することもできる．しかし，本書では濃度そのものを定義する必要はないので，順序数については解説しないことにする．

定義 1.5.1　(1)　A, B が有限集合なら，$|A| \leqq |B|$ は自然数 $|A|, |B|$ の通常の大小関係を表すものとする．

(2)　A が有限集合で B が無限集合なら，$|A| \leqq |B|$ と定義する．

(3)　A, B が無限集合であるとき，A から B への単射な写像が存在するなら $|A| \leqq |B|$ と定義する．

(4)　A, B が集合であるとき，A から B への全単射な写像が存在するなら $|A| = |B|$ と定義する．

(5)　$|A| \leqq |B|$ で $|A| \neq |B|$ なら，$|A| < |B|$ と定義する．　◇

$|A| \geqq |B|$, $|A| > |B|$ は $|B| \leqq |A|$, $|B| < |A|$ という意味であるとする．

濃度に関する次の性質は基本的である．

定理 1.5.2 (濃度の基本性質)　(1)　A, B が集合で $|A| \leqq |B|$, $|A| \geqq |B|$ なら，$|A| = |B|$ である．

(2)　集合 A から集合 B への全射写像があれば，$|A| \geqq |B|$ である．

(3)　A, B が集合なら，$|A| < |B|$, $|A| = |B|$, $|A| > |B|$ のどれかが必ず成り立つ．

定理 1.5.2 (1) の証明については [1, p.63, 定理 2] を参照せよ．(2) は選択公理より従う．(3) の証明については [1, p.115, 定理 8] を参照せよ．

有限集合または $\mathbb{N}$ と同じ濃度を持つ集合を**可算集合**という．無限集合の場合には，次の定理が成り立つ．

> **定理 1.5.3** (無限集合の濃度)　A を無限集合とするとき，次の (1)–(3) が成り立つ．
>
> (1)　$A = A_1 \cup A_2$ で $|A_1| \geqq |A_2|$ なら，$|A| = |A_1|$ である．
>
> (2)　$|A \times A| = |A|$.
>
> (3)　B が A の部分集合で $|A| > |B|$ なら，$|A| = |A \setminus B|$ である．

定理 1.5.3 (1) の証明については [1, p.126, 定理 11] を参照せよ．(2) の証明については [1, p.128, 定理 12] を参照せよ．(3) は (1) より従う．

集合 A に対して A の部分集合全体の集合を A の**べき集合**という．A から $\{0,1\}$ への写像 ϕ があれば，$\phi(a) = 1$ であるような a 全体の集合を考えることにより，A のべき集合は A から $\{0,1\}$ への写像全体の集合と同一視できる．このため，A のべき集合を 2^A と書くことは一般的である．例 1.2.1 では $\mathscr{P}(A)$ という記号を使ったが，$P(A)$ などという記号を使うこともある．

次の定理も公理的集合論で基本的である ([1, p.76, 定理 8] 参照).

> **定理 1.5.4** (べき集合の濃度)　A を集合とするとき，$|2^A| > |A|$ である．

1章の演習問題

1.1.1　X を 2×2 の実数を成分に持つ行列全体の集合とする．$A \in X$ に対し $g(A) = {}^t\!AA$ とすると，g は X から X への写像である．写像の記号 (1.1.1) の f, A, B はこの状況で何に対応するか？

1.1.2 (像・逆像)　$A = \{1,2,3,4,5\}$, $B = \{1,2,3,4\}$ で

$$f(1) = 3, \quad f(2) = 1, \quad f(3) = 4, \quad f(4) = 3, \quad f(5) = 4$$

である写像 $f : A \to B$ を考える．このとき，次の問いに答えよ．

(1)　$S = \{1,3,4\}$ であるとき，$f(S)$ は何か？

(2)　$S_1 = \{2\}$, $S_2 = \{3,4\}$ であるとき，$f^{-1}(S_1), f^{-1}(S_2)$ は何か？

(3)　f は全射か？

(4)　f は単射か？

1.1.3　全射・単射の定義を「行く」,「来る」といったくだけた表現を使って言い換えよ．

1.1.4　$\mathbb{R}$ から $\mathbb{R}$ への全射写像と単射写像の例をそれぞれ三つあげよ (答えだけでよい).

1.1.5 (**全単射写像と逆写像の存在**)　$f : A \to B$ が写像なら，f が全単射であることと，f が逆写像を持つことが同値であることを証明せよ．

1.1.6　$f : A \to B$, $g : B \to C$ が写像とする．

(1)　f,g が全射なら，$g \circ f : A \to C$ も全射であることを証明せよ．

(2)　f,g が単射なら，$g \circ f : A \to C$ も単射であることを証明せよ．

(3)　$g \circ f : A \to C$ が全射なら，g も全射であることを証明せよ．

(4)　$g \circ f : A \to C$ が単射なら，f も単射であることを証明せよ．

1.1.7　$f : A \to B$ が写像なら，f が全射であることと，任意の部分集合 $S \subset B$ に対して，$f(f^{-1}(S)) = S$ であることが同値であることを証明せよ．

1.1.8　$f : A \to B$ が写像なら，任意の部分集合 $S \subset B$ に対して，$f^{-1}(f(f^{-1}(S))) = f^{-1}(S)$ であることを証明せよ．

1.1.9 (**反例**)　次の主張の反例をみつけよ．

(1)　$x \in \mathbb{R}$ で $x > 4$ なら，$x \geqq 5$ である．

(2)　A が無限集合で B がその部分集合なら，B も無限集合である．

(3)　$f : A \to B$ が写像なら，任意の部分集合 $S_1, S_2 \subset A$ に対し，$f(S_1 \cap S_2) = f(S_1) \cap f(S_2)$ である．

1.1.10 (**必要条件・十分条件**)　次の (1), (2) で主張 A が主張 B の (a) 必要条件で十分条件でない，(b) 十分条件で必要条件でない，(c) 必要十分条件，(d) (a)–(c) のどれでもない，のどれか判定せよ．

(1)　A：「x は実数で $2 \leqq x$」　　B：「x は実数で $1 \leqq x \leqq 3$」

(2)　A：「x は実数で $1 \leqq x$」　　B：「x は実数で $1 \leqq x \leqq 3$」

(3) X は集合で Y はその部分集合とするとき，A, B は以下の主張である．

A：「X は有限集合である」　B：「Y は有限集合である」

1.1.11 (**主張の否定**)　次の主張の否定を書け．ただし，(1)–(3) において A, B, C は数学的な主張である．

(1) (A かつ B) か C が成り立つ．

(2) A が成り立つなら，B または C が成り立つ．

(3) A と B は同値である (ただし，「A と B が同値ではない」という答えは不可)．

(4) 任意の正の整数 n に対して実数 x があり，$0 < x < \dfrac{1}{n}$ となる．

(5) $f(x)$ は $[0,1]$ 上の実数値関数とする (この部分は主張ではない)．このとき，任意の $\varepsilon > 0$ に対し $\delta > 0$ があり，$x, y \in [0,1]$ で $|x-y| < \delta$ なら，$|f(x)-f(y)| < \varepsilon$ である．

1.1.12 (**関係**)　$X = \mathbb{R}$ で $R = \{(x,y) \mid x+y \geqq 3\}$ で定まる関係を考える．このとき，(1) 4,5, (2) 1,−1 にはこの関係はあるか？

1.1.13 (**関係**)　関係の例を三つ挙げよ．

1.2.1　well-defined であることが問題になるような状況を一つあげよ．

1.2.2　ベクトル空間 V から自然に定まる対象を五つあげよ．

1.4.1　(1)　A, B を空でない集合とする．A の部分集合 S と S から B への単射写像 f の組 (S, f) の集合を X とする．$(S_1, f_1), (S_2, f_2) \in X$ に対し $S_1 \subset S_2$ で f_2 が f_1 の延長であるとき，$(S_1, f_1) \leqq (S_2, f_2)$ と定義する．これは X 上の順序である．ツォルンの補題を使い，X に極大元があることを証明せよ．

(2)　(S_0, f_0) が X の極大元なら，(a) $S_0 = A$ であるか，(b) $f_0(S_0) = B$ のどちらかであることを証明せよ．

第2章
群の基本

この章では群の概念の基本的な部分について解説する．3章で群の概念が生み出された理由である方程式論について解説した後，4章でより高度な概念である群の作用について解説する．

2.1 群の定義

この節では群を定義し，群の簡単な例について解説する．

X が集合であるとき，写像 $\phi : X \times X \to X$ のことを集合 X 上の**演算**という．混乱の恐れがないときには，$\phi(a,b)$ の代わりに ab と書く．

定義 2.1.1 G を空集合ではない集合とする．G 上の演算が定義されていて次の性質を満たすとき，G を**群**という．

(1) **単位元**とよばれる元 $e \in G$ があり，すべての $a \in G$ に対し $ae = ea = a$ となる．

(2) すべての $a \in G$ に対し $b \in G$ が存在し，$ab = ba = e$ となる．この元 b は a の**逆元**とよばれ，a^{-1} と書く．

(3) (**結合法則**) すべての $a, b, c \in G$ に対し，$(ab)c = a(bc)$ が成り立つ． $\diamond$

(1) の単位元と (2) の逆元の一意性は，命題 2.1.11 で証明する．上の演算 ab のことを群の**積**という．単位元は 1 と書くことも多い．また，どの群の単位元であるかを示すために，単位元を 1_G などと書くこともある．集合 G が群になるとき，「集合 G には**群の構造が入る**」などという．

群とは要するに，一つの演算が定義されていて順当な性質を満たしているもののことである． (3) の性質は**結合法則**とよばれる．a, b が群 G の元で $ab = ba$

なら，a,b は可換であるという．G の任意の元 a,b が可換なら，G を**可換群**，**アーベル群**，**加法群**，あるいは**加群**という．本書では主にアーベル群という用語を使う．

性質 $ab=ba$ のことを**交換法則** という．アーベル群でなければ，非可換群，または非アーベル群という．アーベル群の場合，積のことを「和」と呼ぶこともある．またこの場合，群の演算を ab でなく，$a+b$ と書くことも多い．演算を $a+b$ と書くときには，単位元を 0，あるいは 0_G と書く．

定義 2.1.2 G が群であるとき，その元の個数 $|G|$ を G の**位数**という．位数が有限な群のことを**有限群**という．有限群でない群を**無限群**という． ◇

なお，群でない一般の集合 X に対しては，$|X|$ のことは 1.1 節のように，X の元の個数と呼ぶことにする．

群 G と $a\in G$, $n\in\mathbb{N}$ に対し，

$$a^0=1,\quad \overbrace{a\cdots a}^{n}=a^n,\quad a^{-n}=(a^n)^{-1} \tag{2.1.3}$$

と定義する．証明はしないが，$n,m\in\mathbb{Z}$ なら，$a^{n+m}=a^na^m$, $(a^n)^m=a^{nm}$ である．群がアーベル群で群の演算を $a+b$ と表している場合には，a^n の代わりに na と書く．

とりあえず，群の簡単な例を考えよう．

例 2.1.4 (群 1) $G=\mathbb{Z},\mathbb{Q},\mathbb{R},\mathbb{C}$ は通常の加法によりアーベル群であり，単位元は 0，x の逆元は $-x$ である． ◇

例 2.1.5 (群 2) $G=\mathbb{Q}\setminus\{0\}$, $\mathbb{R}\setminus\{0\}$, $\mathbb{C}\setminus\{0\}$ は通常の乗法についてアーベル群で，単位元は 1，x の逆元は x^{-1} である．しかし $2n=1$ となる整数 n はないので，$\mathbb{Z}\setminus\{0\}$ は乗法に関しては群にならない． ◇

例 2.1.6 (群 3) 例 2.1.4, 2.1.5 の群はすべて無限群である．ここでは一番簡単な有限群の例を考える．$G=\{e\}$ とし，$ee=e$ と定義すると，これは群になる．これを**自明な群**という． ◇

例 2.1.7 (群 4) 自明でない有限群の中で一番簡単な例を考える．G を二つの元 a,b よりなる集合とする．つまり，$G=\{a,b\}$ である．これらの元の積を

$$a \cdot a = a, \quad a \cdot b = b, \quad b \cdot a = b, \quad b \cdot b = a$$

と定義する．まとめると，下の表のようになる．このような表のことを**乗法表**

	a	b
a	a	$a \cdot b = b$
b	b	a

という．なお，4つの積のうち上の行 (a の行) で2番目の列 (b の列) は $a \cdot b$ というように，(行の元)$\times$(列の元) を表すものとする．

このとき，a が単位元の性質を満たし，a,b が自分自身の逆元になることは明らかである．次に結合法則を示す．$x,y,z \in G$ とするとき，x,y,z のどれかが a なら $(xy)z = x(yz)$ は明らかである．例えば，$y = a$ なら $(xy)z = (x)z = xz$，$x(yz) = x(z) = xz$ である．よって，$x = y = z = b$ の場合を考えればよいが，$(bb)b = ab = b$，$b(bb) = ba = b$ となるので，この場合も $(xy)z = x(yz)$ である．よって，結合法則が成り立つ．したがって，G は位数2の有限群である．

$x,y \in G$ なら，$xy = yx$ であることも乗法表からわかる．したがって，G はアーベル群である．　◇

なぜ結合法則を考えるか理解するために，次の例題を考える．

> **例題 2.1.8**　G は群で $x,y,z,w \in G$ とする．このとき，$x((yz)w) = (xy)(zw)$ であることを示せ．

解答　$x((yz)w) = x(y(zw)) = (xy)(zw)$ となるので，上の主張が従う．　□

$(xy)z$ の z を前に持って来て $z(xy)$ などとすることは一般にはできないが，上の例題のように，積の順序を前後しない限り，群の積の順序は問題にならない．だから，群の積を $xyzw$ などと括弧なしに書くことが許される．もし結合法則を仮定しないと，このようなことができない．以降，このように群の積を括弧なしに表してもよいことは認めることにする．

次は群の典型的な性質である．

命題 2.1.9 G が群で $a,b,c \in G$ なら，次の (1), (2) が成り立つ．

(1) **(簡約法則)** $ab = ac$ なら，$b = c$.

(2) $ab = c$ なら，$b = a^{-1}c$, $a = cb^{-1}$

証明 (1) 両辺に a^{-1} を左からかけると，$b = a^{-1}ab = a^{-1}ac = c$.

(2) a^{-1} を左からかけ，$b = a^{-1}c$ となる．$a = cb^{-1}$ も同様である． □

例題 2.1.10 G は群で $x,y,z \in G$ であり，$xy^{-1}zxyx = 1$ とする．このとき，z を x,y で表せ．

解答
$$z = (yx^{-1})(xy^{-1}zxyx)(x^{-1}y^{-1}x^{-1}) = (yx^{-1})(x^{-1}y^{-1}x^{-1})$$
$$= yx^{-2}y^{-1}x^{-1}.$$
□

群の定義 (定義 2.1.1) は，一つの演算が定義された集合に最低限必要な条件だけを考えたものである．だから，上の例題でもわかるように，群の定義だけからわかる性質というものは，(あたりまえだが) すべての群に対して成り立つ．もちろん，具体的な群に特有な性質も大切だが，抽象的な定義や議論をすることにより，見通しがよくなるということもある．

命題 2.1.11 G を群とするとき，次の (1)–(4) が成り立つ．

(1) 群の単位元は一つしかない．

(2) $a \in G$ に対し，その逆元は一意的に定まる．

(3) $a,b \in G$ なら，$\boldsymbol{(ab)^{-1} = b^{-1}a^{-1}}$.

(4) $a \in G$ なら，$\boldsymbol{(a^{-1})^{-1} = a}$.

証明 (1) $1, e'$ が単位元の性質を満たせば，$1e' = 1$ (e' は単位元) $= e'$ (1 は単位元) となり，単位元の一意性がわかる．

(2) b, b' が a の逆元なら，$b = (b'a)b = b'(ab) = b'$.

(3) 結合法則より，$(b^{-1}a^{-1})ab = b^{-1}(a^{-1}a)b = b^{-1}b = 1$. 同様に，$ab(b^{-1}a^{-1}) = 1$. したがって，$b^{-1}a^{-1}$ は ab の逆元である．

(4) $aa^{-1} = a^{-1}a = 1$ だが，これを $(a^{-1})^{-1}$ を定義する関係式とみなすこと

ができるので，$a = (a^{-1})^{-1}$ である．　□

X を空でない集合とするとき，X から X への全単射写像 $\sigma: X \to X$ のことを X の**置換**という．σ, τ を X の置換とするとき，その積 $\sigma\tau$ を写像としての合成 $\sigma \circ \tau$ と定義する．ただし，4 章で群の作用について，II–4 章でガロア理論について解説するが，置換が「ガロア群」として現れ，右から何かに「作用する」ときには，置換 σ, τ の積 $\sigma\tau$ を $\tau \circ \sigma$ と定義したほうが便利なこともある．しかし，そのような積の定義は混乱の恐れがあるので，必要が生じるまで (III–6.9 節)，置換の積は写像の合成と同じ順序で定義することにする．

X の置換全体の集合は，上の演算により群になる．なお，単位元は恒等写像 id_X であり，σ が X の置換なら，群としての逆元は写像としての逆写像 σ^{-1} である．結合法則が成り立つことは，写像の合成に関して結合法則が成り立つことから従う．

定義 2.1.12　X の置換全体からなる群のことを **X の置換群**という．$X_n = \{1, 2, \cdots, n\}$ とするとき，X_n の置換のことを **n 次の置換**という．n 次の置換全体よりなる群のことを $\mathfrak{S}_n$ ($\mathfrak{S}$ はドイツ文字の S で「エス」と発音する) で表す．$\mathfrak{S}_n$ を **n 次対称群**という．$\mathfrak{S}_n$ は位数 $n!$ の有限群である．　◇

$\mathfrak{S}_n$ の元を表すのに，$1, 2, \cdots, n$ の行き先を書いて，

$$\sigma = \begin{pmatrix} 1 & 2 & \cdots & n \\ \sigma(1) & \sigma(2) & \cdots & \sigma(n) \end{pmatrix}$$

とも書く．便宜上第 1 行の順序は $1, 2, \cdots, n$ でなくてもよいとする．

例 2.1.13

$$\sigma = \begin{pmatrix} 1 & 2 & 3 & 4 \\ 4 & 3 & 2 & 1 \end{pmatrix} = \begin{pmatrix} 2 & 3 & 4 & 1 \\ 3 & 2 & 1 & 4 \end{pmatrix}$$

は 4 次の置換で

$$1 \to 4, \quad 2 \to 3, \quad 3 \to 2, \quad 4 \to 1$$

となっているものである．

さらに

$$\tau = \begin{pmatrix} 1 & 2 & 3 & 4 \\ 2 & 3 & 1 & 4 \end{pmatrix}$$

なら，

$$\sigma\tau : \begin{array}{c} 1 \to 2 \to 3 \\ 2 \to 3 \to 2 \\ 3 \to 1 \to 4 \\ 4 \to 4 \to 1 \end{array} \qquad \tau^{-1} : \begin{array}{c} 2 \to 1 \\ 3 \to 2 \\ 1 \to 3 \\ 4 \to 4 \end{array}$$

となるので，

$$\sigma\tau = \begin{pmatrix} 1 & 2 & 3 & 4 \\ 3 & 2 & 4 & 1 \end{pmatrix}, \qquad \tau^{-1} = \begin{pmatrix} 2 & 3 & 1 & 4 \\ 1 & 2 & 3 & 4 \end{pmatrix} = \begin{pmatrix} 1 & 2 & 3 & 4 \\ 3 & 1 & 2 & 4 \end{pmatrix}$$

である．τ^{-1} は τ の上と下を交換して並べ換えたものである．　◇

$1 \leqq i < j \leqq n$ のとき，$l \neq i,j$ なら $\sigma(l) = l$ であり，$\sigma(i) = j$, $\sigma(j) = i$ であるとき，σ は置換である．このような置換を i,j の**互換**といい (ij) と書く．もっと一般に，$1 \leqq i_1, \cdots, i_m \leqq n$ をすべて異なる整数とするとき，

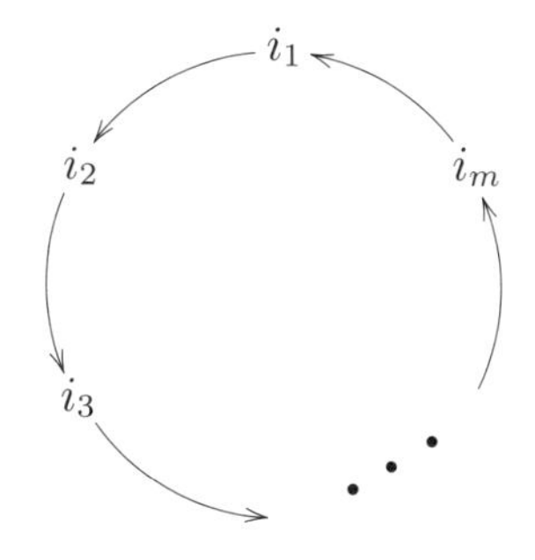

と移し，他の $1 \leqq j \leqq n$ は変えない置換を $(i_1 \cdots i_m)$ と書き，**長さ m の巡回置換**という（$m = 1$ なら，単位元）．例えば，$(123) \in \mathfrak{S}_3$ は長さ 3 の巡回置換である．

後で必要になるので，次の簡単な命題を証明しておく．

> **命題 2.1.14**　(1)　$\mathfrak{S}_n$ の任意の元は有限個の互換の積として表せる．
> (2)　$\mathfrak{S}_n$ の長さ m の巡回置換は $(m-1)$ 個の互換の積として表せる．

証明　(1) $\sigma \in \mathfrak{S}_n$ とする．n に関する帰納法を用いる．$\sigma(n) = i$ とする．もし $i = n$ なら，σ は $\mathfrak{S}_{n-1}$ の元とみなせる．n に関する帰納法で，σ は有限個の互換の積として表せる．もし $i \neq n$ なら，$(in)\sigma(n) = n$. よって，$(in)\sigma$ は $\mathfrak{S}_{n-1}$ の元とみなせる．よって，n に関する帰納法で，$(in)\sigma$ は有限個の互換の積として表せる．$(in)^2 = 1_{\mathfrak{S}_n}$ なので，σ は有限個の互換の積として表せる．

(2) $\sigma = (i_1 \cdots i_m)$ とする．m に関する帰納法を用いる．$\tau = (i_1\, i_m)\sigma$ とおくと，$\tau(i_2) = i_3, \cdots, \tau(i_{m-2}) = i_{m-1}$ である．$\tau(i_{m-1})$ の値は $(i_1\, i_m)$ を $\sigma(i_{m-1}) = i_m$ に適用して得られる．よって，$\tau(i_{m-1}) = i_1$．同様に $\tau(i_m) = i_m, \tau(i_1) = i_2$．よって，$\tau$ は長さ $(m-1)$ の巡回置換である．m に関する帰納法により，τ は $(m-2)$ 個の互換の積になる．したがって，σ は $(m-1)$ 個の互換の積になる． □

例 2.1.15 (一般線形群) 実数を成分に持つ $n \times n$ 正則行列全体の集合を $\mathrm{GL}_n(\mathbb{R})$ と書く．$\mathrm{GL}_n(\mathbb{R})$ の元に行列としての積を考えると，結合法則が成り立つ．$\mathrm{GL}_n(\mathbb{R})$ は単位行列 I_n を単位元，$A \in \mathrm{GL}_n(\mathbb{R})$ の逆行列を A の逆元とする群である．複素数を成分に持つ正則行列全体の集合 $\mathrm{GL}_n(\mathbb{C})$ が群になることも同様である．これらの群を**一般線形群**という． ◇

2.2 環・体の定義

後でもっと群の例を考えるが，群の例について解説をするのに環・体が必要になることもあるので，この節ではとりあえず環・体の概念を定義し，ごく基本的な例について述べる．その後で，一つだけあたりまえでない重要な例である，環 $\mathbb{Z}/n\mathbb{Z}$ について解説する．環 $\mathbb{Z}/n\mathbb{Z}$ は剰余群の概念とともに 2.8 節で解説するのが自然だが，この環は群としても重要であり，この環なしに話を進めるのはとても不便なので，少し強引だが，剰余群の概念を表面的には使わない定義をする．2.8 節では，この環 $\mathbb{Z}/n\mathbb{Z}$ を剰余群として解釈できることについて述べる．環・体については，第2巻で詳しく解説する．

定義 2.2.1 空でない集合 A[1] に二つの演算 $+$ と $\times$ (**加法**・**乗法**，あるいは**和**・**積**，$\times$ は「$\cdot$」とも書く) が定義されていて，次の性質を満たすとき，A を**環**という．以下，$a \times b$ の代わりに ab と書く．

(1) ***A* は + に関してアーベル群になる**．(以下，$+$ に関する単位元を 0 と

1) 環には R という記号や A という記号が多く用いられる．R を使うと，複数の環を考える際には $R, S, \cdots$ を使うのが自然である．しかし，II–1.8 節で「局所化」という概念を考える際には，S という文字は「乗法的集合」を表す記号として使いたいので，本書では環を表す記号として，A, B などをほとんどの場合に使う．ただし，行列には A という記号を使うのが一般的なので，行列に関連した環を考える際には，R という記号を使うことにする．

書く)

(2) **(積の結合法則)** すべての $a,b,c \in A$ に対し，$(ab)c = a(bc)$.

(3) **(分配法則)** すべての $a,b,c \in A$ に対し，

$$a(b+c) = ab+ac, \qquad (a+b)c = ac+bc.$$

(4) 乗法についての単位元 1 がある．つまり，$1a = a1 = a$ がすべての $a \in A$ に対して成り立つ． ◇

(4) は仮定しない流儀もある．リー群論という分野で「例外型リー群」というものがあるが，その構成などでは (2) も仮定しない環を使う場合もある．**環というのは，要するに，二つの演算が定義されていて，一つの演算に関してはアーベル群であり，二つの演算に分配法則などの整合性があるものである．** 定義 2.2.1 (1), (4) で環を明示したいときには，$\mathbf{0}_{\boldsymbol{A}}, \mathbf{1}_{\boldsymbol{A}}$ などと書く．

a,b が環 A の元で $ab = ba$ なら，a,b は可換であるという．A の任意の元 a,b が可換なら，A を**可換環**という．そうでなければ，非可換環という．また $a \in A$ に対し，$b \in A$ で $ab = ba = 1$ となる元があれば，b を a の**逆元**といい a^{-1} と書く．a^{-1} が存在するとき，a を**可逆元**あるいは**単元**という．a^{-1} が a によって一意的に定まることや，a,b が単元なら ab も単元であることは命題 2.1.11 (2), (3) の証明と同様な議論によりわかる．

A の単元全体の集合を $\boldsymbol{A}^{\times}$ と書く．$A^{\times}$ は A の乗法に関して群になる．これを A の**乗法群**という．

例 2.2.2 **(自明な環)** $A = \{0\}$, $0+0 = 0$, $0 \cdot 0 = 0$ と定義すると，A は環である．この環を**零環**，あるいは**自明な環**という． ◇

> **命題 2.2.3** A を環とするとき，次の (1), (2) が成り立つ．
>
> (1) 任意の $a \in A$ に対し $\mathbf{0}\boldsymbol{a} = \boldsymbol{a}\mathbf{0} = \mathbf{0}$ である．
>
> (2) $1 = 0$ なら，A は自明な環である．

証明 (1) $a \in A$ なら，$0a = (0+0)a = 0a+0a$ なので，$0a = 0$ である．$a0 = 0$ であることも同様である．

(2) もし $1 = 0$ なら，任意の $a \in A$ に対し $a = 1a = 0a = 0$ となるので，A の元は 0 のみである． □

例 2.2.4 (環)　$\mathbb{Z}, \mathbb{Q}, \mathbb{R}, \mathbb{C}$ は通常の加法と乗法で可換環である．成分が実数である $n \times n$ 行列の集合を $\mathrm{M}_n(\mathbb{R})$ とし，行列の和と積を考えると，$\mathrm{M}_n(\mathbb{R})$ は非可換環である．$\mathbb{Z}^\times = \{\pm 1\}$，$\mathbb{R}^\times = \mathbb{R} \setminus \{0\}$，$\mathbb{C}^\times = \mathbb{C} \setminus \{0\}$ である．$\mathrm{M}_n(\mathbb{R})$ の乗法群は $\mathrm{GL}_n(\mathbb{R})$ となり，$n \geqq 2$ なら，非アーベル群である．◇

定義 2.2.5　空でない集合 K に二つの演算 $+$ と $\times$ (**加法**・**乗法**，あるいは**和**・**積**，$\times$ は $\cdot$ とも書く) が定義されていて，次の条件を満たすとき K を**可除環**という．

(1) 演算 $+, \times$ により K は環になる．

(2) $1 \neq 0$，つまり K は零環ではない．

(3) 任意の $K \ni a \neq 0$ が乗法に関して可逆元である．◇

要するに，0 で割る以外の加減乗除ができる集合が可除環である．K が可除環であるとき，環として可換なら体という．集合 X が環や体になるとき，「**X には環 (あるいは体) の構造が入る**」というのは，群の場合と同様である．

例 2.2.6　$\mathbb{Z}$ は通常の加法と乗法により環だが，$1/2 \notin \mathbb{Z}$ なので体ではない．◇

例 2.2.7　$\mathbb{Q}, \mathbb{R}, \mathbb{C}$ は通常の加法と乗法により体であり，それぞれ**有理数体**，**実数体**，**複素数体**という．◇

この節の最初で述べたように，環 $\mathbb{Z}/n\mathbb{Z}$ を定義する．

n を正の整数とする．集合としては

$$\mathbb{Z}/n\mathbb{Z} = \{\overline{0}, \overline{1}, \cdots, \overline{n-1}\} \tag{2.2.8}$$

と定義する．$\overline{0}, \overline{1}$ などは単なる記号であり，$\mathbb{Z}/n\mathbb{Z}$ は n 個の元よりなる集合としてもよい．ただ，これから演算を定義する際に，整数 $0, \cdots, n-1$ と対応させておいたほうが便利なので，このような記号を使った．なお，$0, \cdots, n-1$ ではなく上のような記号にしたのは，2.8 節で $\mathbb{Z}/n\mathbb{Z}$ を剰余群として解釈する際の記号と同じにするためである．

0 から $n-1$ までの整数 x, y により $\overline{x}, \overline{y}$ という形をした $\mathbb{Z}/n\mathbb{Z}$ の二つの元に対し，$x+y$ を n で割った余りが r なら，$\overline{x}+\overline{y} = \overline{r}$ と定義する．$\overline{x} \times \overline{y} = \overline{x} \cdot \overline{y} = \overline{xy}$ も xy を使って同様に定義する．

例 2.2.9　例えば，$n=6$ なら，$\overline{2}+\overline{5}=\overline{1}$，$\overline{2}\cdot\overline{3}=\overline{0}$ である．◇

命題 2.2.10　上のように定義した演算により，$\mathbb{Z}/n\mathbb{Z}$ は可換環となる．

証明　証明の中で整数の通常の和・積と上の二つの演算を使うので，区別するために，**この証明の中でだけ $\mathbb{Z}/n\mathbb{Z}$ の演算を $\overline{x}\dot{+}\overline{y}$, $\overline{x}\dot{\times}\overline{y}$** などと表示することにする．

$\overline{0},\overline{1}$ がそれぞれ $\dot{+},\dot{\times}$ に関する単位元であることは明らかである．$\overline{x}\neq\overline{0}$ なら，$\overline{n-x}$ が $\overline{x}$ の $\dot{+}$ に関する逆元であることも容易である．$\dot{+}$ に対し結合法則が成り立つことを示す．

$\overline{x},\overline{y},\overline{z}\in\mathbb{Z}/n\mathbb{Z}$ とする．$x+y$ を n で割った余りを r_1 とするとき，$x+y=nq_1+r_1$ となる整数 q_1 が存在する．$\overline{x}\dot{+}\overline{y}=\overline{r}_1$ である．同様にして，整数 q_2 と $0\leqq r_2<n$ があり，$r_1+z=nq_2+r_2$ となり，$\overline{r}_1\dot{+}\overline{z}=\overline{r}_2$ である．したがって，$(x+y)+z=n(q_1+q_2)+r_2$ となる．つまり，$(x+y)+z$ を n で割った余りを r_2 とすると，$(\overline{x}\dot{+}\overline{y})\dot{+}\overline{z}=\overline{r}_2$ である．同様にして，$x+(y+z)$ を n で割った余りを r_3 とすると，$\overline{x}\dot{+}(\overline{y}\dot{+}\overline{z})=\overline{r}_3$ であることもわかるが，$(x+y)+z=x+(y+z)$ なので，$r_2=r_3$ である．したがって，$\dot{+}$ に関して結合法則が成り立つ．$\dot{\times}$ に関する結合法則，$\dot{+},\dot{\times}$ に関する交換法則や，$\dot{+}$ と $\dot{\times}$ の分配法則も同様である．□

2.3 部分群と生成元

G が群であるとき，G のどのような性質を調べるにせよ，いきなり群 G そのものを調べる代わりに，G に含まれるもっと小さい群を調べるということはよくあることである (また 2.8 節で定義する「剰余群」を調べることもある)．この意味で，以下で解説する部分群の概念は群論において基本的である．

まず部分群の概念を定義する．

定義 2.3.1 (部分群の定義)　G を群，$H\subset G$ を部分集合とする．H が G の演算によって群になるとき，H を G の**部分群**という．◇

次の命題は，群の部分集合が部分群になるかどうかの基本的な判定法である．

命題 2.3.2　群 G の部分集合 H が G の部分群になるための必要十分条件は，次の三つの条件が満たされることである．

(1)　$1_G \in H$.

(2)　$x, y \in H$ なら $xy \in H$.

(3)　$x \in H$ なら $x^{-1} \in H$.

証明　H が部分群であると仮定する．H の演算は G の演算と一致するので，$1_H 1_H = 1_H$ が G の演算により成り立つ．1_H^{-1} を左からかけて，$1_H = 1_G$ となる．よって，$1_G \in H$ となり，(1) が成り立つ．

G の演算により H が群になるので，そもそも演算が定義できる．したがって，$x, y \in H$ に対し $xy \in H$ となるのはあたりまえであり，(2) が成り立つ．

$x \in H$ に対し，H での逆元を y とする．すると G の演算により $xy = yx = 1_H = 1_G$ である．これは y が x の G での逆元であることを意味する．よって $x^{-1} = y \in H$ となり，(3) が成り立つ．

逆に (1)–(3) が成り立つとする．(1) より H は空集合ではない．(2) より G の群演算は写像 $H \times H \to H$ を定める．$x1_G = 1_G x = x$ がすべての $x \in G$ に対して成り立つので，特にすべての $x \in H$ に対しても成り立つ．よって，1_G は H でも単位元である．G で結合法則が成り立っているので，H でも成り立つのはあたりまえである．$x \in H$ なら，G の元としての x^{-1} は (3) より H の元であり，$xx^{-1} = x^{-1}x = 1_G = 1_H$ なので，これは H においても x の逆元である．したがって，H は G の演算により群になる．□

なお，命題 2.3.2 (2) の性質が成り立つとき，**H は積について閉じている**という．命題 2.3.2 (3) の性質が成り立つときには，「H は逆元を取る操作に関して閉じている」というのが正確なのだろうが，単に **H は逆元について閉じている**ということにする．

命題 2.3.3 (部分群の共通集合)　H_1, H_2 が群 G の部分群なら，$H_1 \cap H_2$ も G の部分群である．

この命題の証明は省略する．

例 2.3.4 (**部分群 1**) G が群なら，$\{1\}, G$ は明らかに G の部分群である．これらを G の**自明な部分群**という．G 以外の部分群は**真部分群**という． ◇

例 2.3.5 (**部分群 2**) $\mathbb{Z}$ を通常の加法により群とみなす．$n \in \mathbb{Z}$ とするとき，$n\mathbb{Z} = \{nx \mid x \in \mathbb{Z}\}$ とおく．$n\mathbb{Z}$ が $\mathbb{Z}$ の部分群であることを示す．

$\mathbb{Z}$ の単位元は 0 である．$n0 = 0 \in n\mathbb{Z}$ なので，命題 2.3.2 (1) が成り立つ．$n\mathbb{Z}$ の任意の二つの元は nx, ny $(x, y \in \mathbb{Z})$ という形をしている．すると，$nx+ny = n(x+y) \in n\mathbb{Z}$ となる ($\mathbb{Z}$ の演算は $+$ であることに注意せよ)．よって，命題 2.3.2 (2) が成り立つ．nx の逆元は $-nx = n(-x) \in n\mathbb{Z}$ なので，命題 2.3.2 (3) も成り立つ．したがって，$n\mathbb{Z}$ は $\mathbb{Z}$ の部分群である．次節で $\mathbb{Z}$ の任意の部分群は $n\mathbb{Z}$ という形をしていることを証明する． ◇

例 2.3.6 (**部分群 3**) $G = \mathbb{R}^\times$ とするとき，$H = \{\pm 1\} = \{1, -1\}$ は命題 2.3.2 の条件 (1)–(3) を満たすので，G の部分群である． ◇

例 2.3.7 (**特殊線形群**) 正方行列 $A \in \mathrm{GL}_n(\mathbb{R})$ (例 2.1.15 参照) の行列式を $\det A$ と書く．$G = \mathrm{GL}_n(\mathbb{R})$，$H = \{g \in G \mid \det g = 1\}$ とおく．H が G の部分群であることを示す．

I_n を n 次単位行列とすると，$\det I_n = 1$ なので，$I_n \in H$ である．$g, h \in H$ とする．$\det(gh) = \det g \det h = 1 \cdot 1 = 1$ なので，$gh \in H$ である．

$$1 = \det I_n = \det(g^{-1}g) = \det(g^{-1}) \det g$$

なので，$\det(g^{-1}) = (\det g)^{-1} = 1^{-1} = 1$ である．よって，$g^{-1} \in H$ となる．命題 2.3.2 により，H は G の部分群である．この H のことを $\mathrm{SL}_n(\mathbb{R})$ と書き，**特殊線形群**という．$\mathrm{SL}_n(\mathbb{C})$ も同様に定義する． ◇

例 2.3.8 (**直交群**) 行列 A に対して，その転置行列を ${}^tA$ と書く．行列 A, B の積が定義できるなら，${}^t(AB) = {}^tB\,{}^tA$ である．また，$A \in \mathrm{GL}_n(\mathbb{R})$ なら，$({}^tA)^{-1} = {}^t(A^{-1})$ である．$G = \mathrm{GL}_n(\mathbb{R})$，$H = \{g \in G \mid {}^tgg = I_n\}$ とおく．明らかに $I_n \in H$ である．$g, h \in H$ なら

$${}^t(gh)(gh) = {}^th\,{}^tggh = {}^th({}^tgg)h = {}^thI_nh = {}^thh = I_n$$

なので，$gh \in H$ である．また，${}^tg = g^{-1}$ となるので，$g\,{}^tg = I_n$ である．よって，

$${}^t(g^{-1})g^{-1} = ({}^tg)^{-1}g^{-1} = (g\,{}^tg)^{-1} = I_n^{-1} = I_n$$

となるので，$g^{-1} \in H$ である．したがって，H は G の部分群である．

このH のことを $\mathrm{O}(n)$ と書き，**直交群**という．$\mathrm{SO}(n) = \mathrm{O}(n) \cap \mathrm{SL}_n(\mathbb{R})$ とおき，**特殊直交群**という．上の考察より，$\boldsymbol{g \in \mathrm{O}(n)}$ なら $\boldsymbol{{}^t g \in \mathrm{O}(n)}$ である．　◇

例 2.3.9 (シンプレクティック群)

$$J_n = \begin{pmatrix} 0 & I_n \\ -I_n & 0 \end{pmatrix}$$

とおく．J_n は $2n \times 2n$ 行列である．$G = \mathrm{GL}_{2n}(\mathbb{R})$，$H = \{g \in G \mid {}^t g J_n g = J_n\}$ とおく．H が G の部分群となることは演習問題 2.3.2 とする．この H のことを $\mathrm{Sp}(2n, \mathbb{R})$ と書き，**シンプレクティック群**という．この群のことを $\mathrm{Sp}(n)$ と書く流儀もあるので，注意が必要である．　◇

例 2.3.10 (ユニタリ群)　$G = \mathrm{GL}_n(\mathbb{C})$，$H = \{g \in G \mid {}^t \overline{g} g = I_n\}$ とおく．ただし，$\overline{g}$ は g のすべての成分の複素共役をとった行列である．H が G の部分群となることは演習問題 2.3.3 とする．この H のことを $\mathrm{U}(n)$ と書き，**ユニタリ群**という．$\mathrm{SU}(n) = \mathrm{U}(n) \cap \mathrm{SL}_n(\mathbb{C})$ とおき，**特殊ユニタリ群**という．　◇

例 2.3.11 (四元数群)　$G = \mathrm{GL}_2(\mathbb{C})$ とする．

$$i = \begin{pmatrix} \sqrt{-1} & 0 \\ 0 & -\sqrt{-1} \end{pmatrix}, \quad j = \begin{pmatrix} 0 & 1 \\ -1 & 0 \end{pmatrix}, \quad k = \begin{pmatrix} 0 & \sqrt{-1} \\ \sqrt{-1} & 0 \end{pmatrix}$$

とおく．$1 = I_2$，$H = \{\pm 1, \pm i, \pm j, \pm k\}$ とするとき，H が G の部分群であることを示す．

	1	-1	i	$-i$	j	$-j$	k	$-k$
1	1	-1	i	$-i$	j	$-j$	k	$-k$
-1	-1	1	$-i$	i	$-j$	j	$-k$	k
i	i	$-i$	-1	1	k	$-k$	$-j$	j
$-i$	$-i$	i	1	-1	$-k$	k	j	$-j$
j	j	$-j$	$-k$	k	-1	1	i	$-i$
$-j$	$-j$	j	k	$-k$	1	-1	$-i$	i
k	k	$-k$	j	$-j$	$-i$	i	-1	1
$-k$	$-k$	k	$-j$	j	i	$-i$	1	-1

H の元の積は上の乗法表で与えられる．この表から，H は積について閉じて

いることがわかる．また，$(\pm 1)^{-1} = \pm 1$, $\pm i^{-1} = \mp i$, $\pm j^{-1} = \mp j$, $\pm k^{-1} = \mp k$ となるので，H は逆元について閉じている．よって，H は G の部分群である．この H のことを**四元数群**という． ◇

例 2.3.12 (モジュラー群)　$H = \mathrm{GL}_n(\mathbb{Z})$ を $G = \mathrm{GL}_n(\mathbb{R})$ の部分集合で，成分が整数であり，行列式が ± 1 であるもの全体の集合とする．$I_n \in H$ であることと，H が積について閉じていることは明らかである．$g \in H$ に対し，A_{ij} を g から i 行と j 列を除いて得られる $(n-1)\times(n-1)$ 行列とする．クラメルの公式により，g の $G = \mathrm{GL}_n(\mathbb{R})$ の元としての逆行列の (i,j)-成分は $(-1)^{i+j}(\det g)^{-1} \det A_{ji}$ である．$\det g = \pm 1$ なので，g^{-1} の成分は整数である．$\det g^{-1} = (\det g)^{-1} = \pm 1$ なので，$g^{-1} \in H$ となる．したがって，H は G の部分群である．$\mathrm{SL}_n(\mathbb{Z}) = \mathrm{GL}_n(\mathbb{Z}) \cap \mathrm{SL}_n(\mathbb{R})$ とおくと，これも G の部分群である．$\mathrm{SL}_n(\mathbb{Z})$ は $\mathrm{SL}_n(\mathbb{R})$ の部分群でもある．$\mathrm{GL}_n(\mathbb{Z}), \mathrm{SL}_n(\mathbb{Z})$ を**モジュラー群**という． ◇

次に，部分集合によって生成された部分群を定義する．G を群，$S \subset G$ を部分集合とする．$x_1, \cdots, x_n \in S$ により $x_1^{\pm 1} \cdots x_n^{\pm 1}$ という形をした G の元を ***S* の元による語 (word)** という．ただし，$n = 0$ なら語は単位元 1_G を表すとし，± 1 は各 x_i ごとに 1 か -1 のどちらでもよいとする．

> **命題 2.3.13**　$\langle S \rangle$ を S の元による語全体の集合とするとき，次の (1), (2) が成り立つ．
>
> (1)　$\langle S \rangle$ は G の部分群である．
>
> (2)　H が G の部分群で S を含めば，$\langle S \rangle \subset H$ である (つまり $\langle S \rangle$ が S を含む最小の部分群である)．

証明　(1)　上で定義した $n = 0$ の場合により，$1_G \in \langle S \rangle$ である．$x_1, \cdots, x_n, y_1, \cdots, y_m \in S$ なら，$(x_1^{\pm 1} \cdots x_n^{\pm 1})(y_1^{\pm 1} \cdots y_m^{\pm 1}) = x_1^{\pm 1} \cdots x_n^{\pm 1} y_1^{\pm 1} \cdots y_m^{\pm 1}$ も S の元による語となり，$\langle S \rangle$ の元である．また，命題 2.1.11 (3), (4) より $x_1^{\pm 1} \cdots x_n^{\pm 1}$ の逆元は $x_n^{\mp 1} \cdots x_1^{\mp 1}$ であり，これも S の元による語となり，$\langle S \rangle$ の元である．したがって，$\langle S \rangle$ は G の部分群である．

(2)　H が G の部分群で S を含むとする．$n = 0$ の場合に対応する $\langle S \rangle$ の元

1_G は，H が部分群なので H の元である．$x_1,\cdots,x_n \in S$ なら，$S \subset H$ なので $x_1,\cdots,x_n \in H$ である．よって，$x_1^{\pm 1},\cdots,x_n^{\pm 1} \in H$ となる．H は積について閉じているので，$x_1^{\pm 1}\cdots x_n^{\pm 1} \in H$ である．したがって，$\langle S \rangle \subset H$ となる．　□

命題 2.3.13 の $\langle S \rangle$ のことを **S によって生成された部分群**，S のことを**生成系**，S の元を**生成元**という[2)]．$S=\{g\}$ なら g のことを $\langle S \rangle$ の生成元という．$S=\{g_1,\cdots,g_n\}$ なら，$\langle\{g_1,\cdots,g_n\}\rangle$ の代わりに $\langle g_1,\cdots,g_n \rangle$ とも書く．このとき，$g_1,\cdots,g_n$ は $\langle g_1,\cdots,g_n \rangle$ を生成するともいう．

次の命題の証明は省略する．

> **命題 2.3.14**　G を群，$S_1 \subset S_2 \subset G$ を部分集合とする．このとき，$\langle S_1 \rangle \subset \langle S_2 \rangle$ である．

例 2.3.15 (生成された部分群 1)　G を群，$x \in G$，$S=\{x\}$ とする．$n \in \mathbb{Z}$ なら $x^n \in \langle S \rangle$ であることは明らかである．$x^{\pm 1}\cdots x^{\pm 1}$ は，$+$ の数が a，$-$ の数が b なら x^{a-b} である．$a-b$ はすべての整数になりえるので，$\langle S \rangle = \{x^n \mid n \in \mathbb{Z}\}$ である．例えば，$G=\mathbb{Z}$，$n \in \mathbb{Z}$，$S=\{n\}$ とする．このとき，$\langle S \rangle = n\mathbb{Z}$ である．なおこの n は上の x^n の x に対応する (n には対応しない)．　◇

定義 2.3.16 (巡回群)　一つの元で生成される群を**巡回群**という．群の部分群で巡回群であるものを**巡回部分群**という．　◇

言い換えると，群 G が巡回群であるとは，ある元 $x \in G$ が存在して，**G のすべての元 g がこの固定された元 x のべき $g=x^n$ ($n \in \mathbb{Z}$) という形をしているということである．**

例 2.3.17 (巡回群 1)　$\mathbb{Z}=\langle 1 \rangle$ となるので，$\mathbb{Z}$ は位数が ∞ の巡回群である．例 2.3.15 の $n\mathbb{Z}$ は n を生成元とする $\mathbb{Z}$ の巡回部分群である．　◇

例 2.3.18 (巡回群 2)　2.2 節の最後で定義した環 $\mathbb{Z}/n\mathbb{Z}$ は加法についてはアーベル群である．$0 \leqq i \leqq n-1$ に対し，$\overline{1}$ を i 回足せば $\overline{i}$ になるので，$\mathbb{Z}/n\mathbb{Z}$ は $\overline{1}$ を生成元とする，位数が n の巡回群である．　◇

---

2)　以降 S の元を考えることが多いので，「生成元」という用語を使うことが多い．

G が巡回群なら，ある $x \in G$ があり $G = \{x^n \mid n \in \mathbb{Z}\}$ である．$i,j \in \mathbb{Z}$ なら $x^i x^j = x^{i+j} = x^j x^i$ なので，次の命題を得る．

命題 2.3.19 巡回群はアーベル群である．

この巡回群という概念を受け入れられない学生諸君が案外多い．演習問題 2.3.7 を是非試されたい (その典型的な**誤解答**を巻末で紹介する)．

例 2.3.20 (生成された部分群 2) $G = \mathfrak{S}_3$, $\sigma = (123)$, $\tau = (12)$ とする．

(1) $\sigma^2 = (132)$, $\sigma^3 = 1$ なので，$n \in \mathbb{Z}$ を 3 で割った余りが $0 \leqq i \leqq 2$ なら，$\sigma^n = \sigma^i$ となる．よって，$\langle \sigma \rangle = \{1, (123), (132)\}$ は巡回部分群で σ はその生成元である．$(\sigma^2)^2 = \sigma$ なので，σ^2 も $\langle \sigma \rangle$ の生成元である．

(2) $\tau = (12)$ なら $\tau^2 = 1$ なので，同様にして $\langle \tau \rangle = \{1, (12)\}$ である．これも巡回部分群である．

(3) $S = \{\sigma, \tau\}$ とする．命題 2.3.14 と (1), (2) より $\langle S \rangle \supset \{1, (123), (132), (12)\}$ である．簡単な計算により，$(23) = \sigma\tau\sigma^{-1}$，$(13) = \sigma^2\tau\sigma^{-2}$ となる．よって，$G = \langle \sigma, \tau \rangle$ となり，$\{\sigma, \tau\}$ は G を生成することがわかる． ◇

ここで群の直積を定義する．第 1 巻では主に有限個の直積を考えるが，III–1,3 章で「完備化」などを考える際には無限個の直積を考える必要があるので，一般的な状況で定義しておく．

$\{G_i\}$ を $I \neq \emptyset$ を添え字集合とする群の族とする．$G = \prod_{i \in I} G_i$ を集合としての直積とし，G 上の積を成分ごとに定義する．正確には，$(g_i)_{i \in I}, (h_i)_{i \in I} \in \prod_{i \in I} G_i$ に対し，

$$(g_i)_{i \in I}(h_i)_{i \in I} \overset{\text{def}}{=} (g_i h_i)_{i \in I} \tag{2.3.21}$$

と定義する．

$1_{G_i} \in G_i$ を単位元とするとき，$1_G = (1_{G_i})_{i \in I}$ とおく．すると，

$$(g_i)_{i \in I} 1_G = (g_i 1_{G_i})_{i \in I} = (g_i)_{i \in I}.$$

同様に $1_G (g_i)_{i \in I} = (g_i)_{i \in I}$ である．また，$h = (h_i)_{i \in I}$, $k = (k_i)_{i \in I} \in G$ なら，

$$g(hk) = g(h_i k_i)_{i \in I} = (g_i(h_i k_i))_{i \in I} = ((g_i h_i) k_i))_{i \in I} = (gh)(k_i)_{i \in I} = (gh)k$$

となるので，結合法則が成り立っている．同様に $(g_i)_{i\in I}$ の逆元は $(g_i^{-1})_{i\in I}$ である．したがって，$G=\prod_{i\in I}G_i$ は群となる．$I=\emptyset$ なら $\prod_{i\in I}G_i=\{1\}$ とみなす．

定義 2.3.22　上の演算による群 $G=\prod_{i\in I}G_i$ を $\{G_i\}_{i\in I}$ の**直積**，G_i を**直積因子**という．◇

すべての G_i がアーベル群なら，G もアーベル群である．

$l\in I$ に対し，写像 $i_l:G_l\to\prod_{j\in I}G_j$ を $x\in G_l$ なら

$$i_l(x)\text{ の }G_j\text{成分}=\begin{cases}1_{G_j} & j\neq l,\\ x & j=l\end{cases}$$

と定義する．すると，i_l は単射写像である．i_l は後で定義する準同型となる．これについては 2.5 節で注意する．

I が有限集合 $\{1,\cdots,t\}$ なら，直積を

$$G_1\times\cdots\times G_t$$

とより明示的に表すことができる，その場合，i_l は

$$i_l:G_l\ni g_l\mapsto(\overbrace{1_{G_1},\cdots,1_{G_{l-1}}}^{l-1},g_l,\overbrace{1_{G_{l+1}},\cdots,1_{G_t}}^{t-l})\in G_1\times\cdots\times G_t$$

となる．

2.4　元の位数

この節では，群の元の位数の概念について解説する．

定義 2.4.1　G を群，$x\in G$ とする．もし，$x^n=1_G$ となる正の整数が存在すれば，その中で最小のものを x の**位数**という．もし，$x^n=1_G$ となる正の整数がなければ，x の位数は ∞ である，あるいは x は無限位数であるという．◇

例 2.4.2 (位数 1)　G が群なら，その単位元の位数は 1 である．逆に x の位数が 1 なら，$x=x^1=1_G$ なので，$x=1_G$ となる．よって，単位元は位数が 1 のただ一つの元である．◇

例 2.4.3 (**位数 2**) $\mathbb{Z} \ni x \neq 0$ とする．$n \neq 0$ なら $nx \neq 0$ なので，x の位数は ∞ である． ◇

例 2.4.4 (**位数 3**) $G = \mathfrak{S}_3$, $\sigma = (123)$, $\tau = (12)$ とする．$\sigma^2 \neq 1_G$, $\sigma^3 = 1_G$ なので，σ の位数は 3 である．$\tau \neq 1_G$, $\tau^2 = 1_G$ なので，τ の位数は 2 である．もっと一般に，$\mathfrak{S}_n$ の巡回置換 $(i_1 \cdots i_m)$ の位数は m である (証明略)． ◇

命題 2.4.5 G が有限群なら，G の任意の元の位数は有限である．

証明 $g \in G$ なら，G の元の個数が有限なので，$\{1, g, g^2, \cdots\}$ は有限集合である．**よって，$\boldsymbol{i < j}$ があり，$\boldsymbol{g^i = g^j}$ である**[3]．すると，$g^{j-i} = 1_G$ となる．$j-i > 0$ なので，g の位数は有限である． □

G を群，$x \in G$ とする．$H = \{n \in \mathbb{Z} \mid x^n = 1_G\}$ とおく．

補題 2.4.6 $H \subset \mathbb{Z}$ は部分群である．

証明 べきの定義 (2.1.3) より $0 \in H$ である．$n, m \in H$ なら，$x^{n+m} = x^n x^m = 1_G 1_G = 1_G$ なので，$n+m \in H$ である．また，$x^{-n} = (x^n)^{-1} = 1_G^{-1} = 1_G$ なので，$-n \in H$ である．よって，H は $\mathbb{Z}$ の部分群である． □

$\mathbb{Z}$ の部分群が巡回部分群であることを証明するために，約数・倍数といった概念について復習する．また，ユークリッドの互除法についても解説する．

a, b が整数で，$b \neq 0$ であるとき，割り算を行って $a = qb + r$ $(q, r \in \mathbb{Z},\ 0 \leqq r < |b|)$ とすることができる．q のことを a を b で割った**商**，r のことを a を b で割った**余り**という (余りの概念は 2.2 節で $\mathbb{Z}/n\mathbb{Z}$ を定義したときに既に使った)．$r = 0$ なら，a は b で割り切れるといい，$\boldsymbol{b \mid a}$ と書く．このとき，b を a の**約数**，a を b の**倍数**という．a が b で割り切れなければ，$b \nmid a$ と書く．

例 2.4.7 (1) 20 は 5 で割り切れるので，5 は 20 の約数であり，20 は 5 の倍数である．

(2) 58 を -11 で割った余りは 3 である． ◇

---

3) このような議論を「部屋割り論法」という．

定義 2.4.8　1 より大きい整数 p の正の約数が 1 と p だけであるとき，p を**素数**という．　◇

定理 2.4.9　素数は無限にある．

証明　$p_1,\cdots,p_N$ がすべての素数であるとする．q を 1 でない $p_1\cdots p_N+1$ の正の約数で最小のものとすると，q は素数である．$q=p_i$ なら，p_i は $p_1\cdots p_N+1$ を割る．よって，p_i は 1 を割り，矛盾である．したがって，素数は無限にある．　□

二つの整数 a,b の共通の約数・倍数を**公約数・公倍数**という．ただし，公約数を考えるときはどちらかは 0 でないとし，公倍数を考えるときは両方とも 0 でないとする．正の公約数の中で一番大きいものを**最大公約数**といい，$\mathrm{GCD}(a,b)$ と書く．また，正の公倍数の中で一番小さいものを**最小公倍数**といい，$\mathrm{LCM}(a,b)$ と書く．$\mathrm{GCD}(a,b)=1$ なら，a,b は**互いに素**であるという．

例 2.4.10 (GCD, LCM)　(1)　$-12,16$ の公約数は $\pm1,\pm2,\pm4$ である．よって，最大公約数は 4 である．-12 の正の倍数 $12,24,36,48,\cdots$ の中で最初に 16 の倍数になるのは 48 なので，48 が最小公倍数である．

(2)　4,0 の最大公約数は 4 である．

(3)　3,4 は互いに素である．　◇

次にユークリッドの互除法について解説する．

定理 2.4.11　$a>b>0$ を整数とする．a を b で割った商を q，余りを r とする．このとき，a,b の最大公約数は b,r の最大公約数に等しい．

証明　整数 q があり，$a=qb+r$ $(0\leqq r<b)$ となる．d を正の整数とする．d が a,b を割り切るなら，d は $a-qb$ も割り切る．よって，d は b,r を割り切る．したがって，a,b の最大公約数は b,r の最大公約数以下である．

逆に d が b,r を割り切るとする．$a=qb+r$ なので，d は a,b を割り切る．したがって，b,r の最大公約数は a,b の最大公約数以下である．　□

a,b の最大公約数を求めるには，a,b を定理 2.4.11 のように b,r で取り換えるということを，r が b を割り切るまで繰り返せばよい．このプロセスにより $ax+by=d$ となる整数 x,y も求まることを示す．

$a_0=a$，$b_0=b$ とし，次のように a_n,b_n,q_n,r_n を定める．

$$
\begin{aligned}
&a_0=q_0b_0+r_0,\ 0\leqq r_0<b_0, && a_1=b_0,\ b_1=r_0,\\
&a_1=q_1b_1+r_1,\ 0\leqq r_1<b_1, && a_2=b_1,\ b_2=r_1,\\
&&\vdots&\\
&a_N=q_Nb_N+r_N,\ 0\leqq r_N<b_N, && a_{N+1}=b_N,\ b_{N+1}=r_N,\\
&a_{N+1}=q_{N+1}b_{N+1} && (b_{N+1}=r_N \text{ は } a_{N+1}=b_N \text{ を割り切る}).
\end{aligned}
$$

このとき，

$$
\begin{aligned}
\mathrm{GCD}(a,b)&=\mathrm{GCD}(a_1,b_1)=\cdots=\mathrm{GCD}(a_{N+1},b_{N+1})\\
&=b_{N+1}=r_N=a_N-q_Nb_N\\
&=b_{N-1}-q_Nr_{N-1}=b_{N-1}-q_N(a_{N-1}-q_{N-1}b_{N-1})\\
&=-q_Na_{N-1}+(1+q_Nq_{N-1})b_{N-1}\\
&\qquad\vdots
\end{aligned}
$$

となる．これを繰り返せば $\mathrm{GCD}(a,b)$ と $\mathrm{GCD}(a,b)=ax+by$ となる整数 x,y をみつけることができる．このプロセスを**ユークリッドの互除法**という．

例 2.4.12　例えば，$a=39$，$b=25$ なら，$39=25+14$，$25=14+11$，$14=11+3$，$11=3\cdot3+2$，$3=2+1$ なので，$\mathrm{GCD}(39,25)=1$ であり，

$$
\begin{aligned}
1&=3-2=3-(11-3\cdot3)=-11+4\cdot3=-11+4(14-11)\\
&=4\cdot14-5\cdot11=4\cdot14-5(25-14)=-5\cdot25+9\cdot14\\
&=-5\cdot25+9(39-25)=9\cdot39-14\cdot25
\end{aligned}
$$

となる．$x=9$，$y=-14$ とおくと，$39x+25y=1$ である．　◇

以上の考察から，次の定理を得る．

定理 2.4.13　整数 a,b の最大公約数が d なら，$ax+by=d$ となる整数 x,y が存在する．

系 2.4.14　整数 a,b の最大公約数が d なら，$\{ax+by\mid x,y\in\mathbb{Z}\}=d\mathbb{Z}$．

証明　d が左辺に属することは定理 2.4.13 より従う．$d = ax_0 + by_0$ $(x_0, y_0 \in \mathbb{Z})$，$n \in \mathbb{Z}$ なら，$dn = a(nx_0) + b(ny_0)$ である．したがって，$\{ax+by \mid x,y \in \mathbb{Z}\} \supset d\mathbb{Z}$ である．$d \mid a,b$ なので，任意の $x,y \in \mathbb{Z}$ に対し d は $ax+by$ を割り切る．よって，$\{ax+by \mid x,y \in \mathbb{Z}\} \subset d\mathbb{Z}$ である．□

上の定理は $\mathbb{Z}/n\mathbb{Z}$ の乗法群 $(\mathbb{Z}/n\mathbb{Z})^{\times}$ に関して，次の重要な応用を持つ．

系 2.4.15　$n > 0$ が整数なら，

$$(\mathbb{Z}/n\mathbb{Z})^{\times} = \{\overline{m} \mid 0 \leqq m < n,\ m,n \text{ は互いに素}\}.$$

証明　(2.2.8) の記号を使う．$n = 1$ なら $\mathbb{Z}/n\mathbb{Z}$ は零環で $\overline{1} = \overline{0}$ は単元で，これが $\mathbb{Z}/1\mathbb{Z}$ のただ一つの元である．この場合，$m = 0$ と $n = 1$ は互いに素である．よって，$n > 1$ と仮定する．

$0 \leqq m < n$ が互いに素なら，$0 < m$ であり，$mx + ny = 1$ となる整数 $x,y \in \mathbb{Z}$ がある．$x = qn + r$ $(q,r \in \mathbb{Z},\ 0 \leqq r < n)$ とすると，$mr = 1 - n(y + mq)$ なので，$\overline{m} \cdot \overline{r} = \overline{1}$ である．したがって，$\overline{m} \in (\mathbb{Z}/n\mathbb{Z})^{\times}$．

逆に $\overline{m} \in (\mathbb{Z}/n\mathbb{Z})^{\times}$ なら，$\overline{m} \cdot \overline{r} = \overline{1}$ となる整数 $0 < r < n$ がある．積の定義より，$mr = 1 + na$ となる $a \in \mathbb{Z}$ がある．$d = \mathrm{GCD}(m,n)$ なら，系 2.4.14 より $1 = mr - na$ は d で割り切れるので $d = 1$，つまり m,n は互いに素である．□

例 2.4.16　(1)　p が素数なら，$(\mathbb{Z}/p\mathbb{Z})^{\times} = \{\overline{1}, \cdots, \overline{p-1}\}$.

(2)　$(\mathbb{Z}/4\mathbb{Z})^{\times} = \{\overline{1}, \overline{3}\}$.

(3)　$(\mathbb{Z}/6\mathbb{Z})^{\times} = \{\overline{1}, \overline{5}\}$.

(4)　$(\mathbb{Z}/10\mathbb{Z})^{\times} = \{\overline{1}, \overline{3}, \overline{7}, \overline{9}\}$.　◇

例 2.4.16 (1) は p が素数なら，$\mathbb{Z}/p\mathbb{Z}$ の $\overline{0}$ 以外の元は乗法に関して単元であるということを意味する．したがって，次の定理を得る．

定理 2.4.17　***p* が素数なら，$\mathbb{Z}/p\mathbb{Z}$ は体である．**

体 $\mathbb{Z}/p\mathbb{Z}$ のことを $\mathbb{F}_p$ と書き，**位数 p の有限体**という．

次の命題はこの節の目的の一つである．この命題は，この後，群の元の位数の考察において，重要な役割を果たすことになる．

命題 2.4.18 H が $\mathbb{Z}$ の部分群なら，整数 $d \geqq 0$ があり，$H = d\mathbb{Z}$ である．

証明 $H = \{0\}$ なら $d = 0$ とすればよいので，$H \neq \{0\}$ と仮定する．$H \ni x \neq 0$ とする．H は部分群なので，$-x \in H$ である．よって，$x < 0$ なら $-x$ を考えることにより，$x > 0$ としてよい．d を H に含まれる最小の正の整数とする．$n \in H$ であるとき，$d \mid n$ であることを示す．n を d で割り $n = qd + r$ $(0 \leqq r < d)$ とする．H は部分群なので，$-qd \in H$ である．よって，$r = n - qd \in H$ となる．$r \neq 0$ なら d の取りかたに矛盾する．したがって，$r = 0$ となり $n \in d\mathbb{Z}$ である．$n \in H$ は任意なので，$H = d\mathbb{Z}$ である． □

命題 2.4.19 G を群，$x \in G$ とし，x の位数は有限で $d < \infty$ とする．このとき，$n \in \mathbb{Z}$ に対し次の (1), (2) は同値である．さらに，$\{m \in \mathbb{Z} \mid x^m = 1_G\} = d\mathbb{Z}$ である．

(1) $x^n = 1_G$.

(2) n は d の倍数である．

証明 **(2) ⇒ (1):** 仮定より $n = dq$ となる整数 q がある．すると，$x^n = (x^d)^q = 1_G$.

(1) ⇒ (2): $H = \{n \in \mathbb{Z} \mid x^n = 1_G\}$ とおく．明らかに $0 \in H$．もし $a, b \in H$ なら，$x^{a+b} = x^a x^b = 1_G 1_G = 1_G$．よって，$a+b \in H$．また，$x^{-a} = (x^a)^{-1} = (1_G)^{-1} = 1_G$．したがって，$H \subset \mathbb{Z}$ は部分群である．

命題 2.4.18 より，整数 $f \geqq 0$ があり $H = f\mathbb{Z}$ となる．$d \in H$ なので，$f > 0$ である．位数の定義より $d \leqq f$ である．$x^d = 1_G$ なので，$d \in H$ となるので，$f|d$．これより $f \leqq d$，したがって，$f = d$ である．もし $x^n = 1_G$ なら $d = f|n$. □

命題 2.4.20 x を群 G の位数 $d < \infty$ の元，$H = \langle x \rangle$ を x で生成された巡回部分群とする．このとき，$|H| = d$ である．

証明　$H=\{x^n \mid n\in\mathbb{Z}\}$ である．$n\in\mathbb{Z}$ なら，$n=qd+r$ $(0\leqq r<d)$ となる整数 q,r がある．すると，$x^n=x^r$ なので，$H=\{1,x,\cdots,x^{d-1}\}$ である．$0\leqq i<j\leqq d-1$ なら $0<j-i\leqq d-1$ なので，$x^{j-i}=1_G$ なら x の位数が d であることに矛盾する．よって，$x^{j-i}\neq 1_G$ である．$x^i=x^j$ なら $x^{j-i}=1_G$ なので，$x^i\neq x^j$ である．したがって，$|H|=d$ である．□

例題 2.4.21　x を 群 G の位数 28 の元とするとき，x^6 の位数を求めよ．

解答　d を整数とするとき，$(x^6)^d=x^{6d}=1$ であることと，$6d$ が 28 で割り切れることは同値である．これは $3d$ が 14 で割り切れることと同値である．3 と 14 は互いに素なので，これは d が 14 で割り切れることと同値である．したがって，x^6 の位数は 14 である．□

2.5　準同型と同型

二つの群 G_1,G_2 が与えられたとき，G_1,G_2 が本質的に同じかどうかということを定式化するために準同型・同型の概念を導入する．群は単なる集合ではなく，その演算が群の構造を決定する．したがって，二つの群を比べるとしたら，集合として対応しているだけでは不十分で，その演算が対応するようなものを考えなければならない．それが，以下で定義する群の準同型である．

定義 2.5.1 (準同型・同型)　G_1,G_2 を群，$\phi:G_1\to G_2$ を写像とする．

(1)　$\boldsymbol{\phi(xy)=\phi(x)\phi(y)}$ がすべての $x,y\in G_1$ に対し成り立つとき，ϕ を**準同型**という．

(2)–(4) では ϕ は準同型とする．

(2)　ϕ が逆写像を持ち，逆写像も準同型であるとき，ϕ は**同型**であるという．このとき，G_1,G_2 は同型であるといい，$\boldsymbol{G_1\cong G_2}$ と書く．

(3)　$\mathrm{Ker}(\phi)=\{x\in G_1 \mid \phi(x)=1_{G_2}\}$ を ϕ の**核**という．

(4)　$\mathrm{Im}(\phi)=\{\phi(x) \mid x\in G_1\}$ を ϕ の**像**という．◇

注 2.5.2　$\phi:G\to H$ が群準同型というとき，G,H は群で ϕ は群準同型であるということを意味するものとする．◇

準同型の例を考える前に基本的な命題を二つ証明しておく.

命題 2.5.3 全単射写像 $\phi\colon G_1 \to G_2$ が群の準同型なら, 同型である.

証明 ϕ の逆写像を ψ とおく. $x,y \in G_2$ とすると ϕ は準同型なので,

$$\phi(\psi(x)\psi(y)) = \phi(\psi(x))\phi(\psi(y)) = xy = \phi(\psi(xy))$$

となる. ϕ は単射なので, $\psi(x)\psi(y) = \psi(xy)$. よって, ψ は準同型である. □

命題 2.5.4 $\phi\colon G_1 \to G_2$ を群の準同型とするとき, 次が成り立つ.

(1) $\boldsymbol{\phi(1_{G_1}) = 1_{G_2}}$ である.

(2) 任意の $x \in G_1$ に対し, $\boldsymbol{\phi(x^{-1}) = \phi(x)^{-1}}$ である.

(3) $H \subset G_2$ が部分群なら, $\phi^{-1}(H) \subset G_1$ も部分群である.

(4) $\mathrm{Ker}(\phi)$, $\mathrm{Im}(\phi)$ はそれぞれ G_1, G_2 の部分群である.

証明 (1) $\phi(1_{G_1}) = \phi(1_{G_1}1_{G_1}) = \phi(1_{G_1})\phi(1_{G_1})$ なので, $\phi(1_{G_1}) = 1_{G_2}$ である.

(2) $x \in G_1$ なら

$$1_{G_2} = \phi(1_{G_1}) = \phi(xx^{-1}) = \phi(x)\phi(x^{-1}).$$

なので, $\phi(x^{-1}) = \phi(x)^{-1}$ である.

(3) (1) より $1_{G_1} \in \phi^{-1}(H)$ である. $x,y \in \phi^{-1}(H)$ なら, $\phi(x),\phi(y) \in H$ で H は積について閉じているので,

$$\phi(xy) = \phi(x)\phi(y) \in H$$

である. よって, $xy \in \phi^{-1}(H)$ であり, $\phi^{-1}(H)$ も積について閉じている. H は逆元について閉じているので,

$$\phi(x^{-1}) = \phi(x)^{-1} \in H$$

である. よって, $\phi^{-1}(H)$ も逆元について閉じている. したがって, $\phi^{-1}(H)$ は G_1 の部分群である.

(4) $\mathrm{Ker}(\phi) = \phi^{-1}(\{1_{G_2}\})$ なので, (3) より $\mathrm{Ker}(\phi)$ は G_1 の部分群である.

$1_{G_2} = \phi(1_{G_1})$ は $\phi(*)$ という形をしているので, $1_{G_2} \in \mathrm{Im}(\phi)$ である. $\mathrm{Im}(\phi)$ の任意の二つの元は $x,y \in G_1$ により $\phi(x),\phi(y)$ と表せる. すると, $\phi(x)\phi(y) =$

$\phi(xy)$ も $\phi(*)$ という形をしているので，$\mathrm{Im}(\phi)$ の元である．$\phi(x)^{-1} = \phi(x^{-1})$ も同様に $\mathrm{Im}(\phi)$ の元である．したがって，$\mathrm{Im}(\phi)$ は G_2 の部分群である．　□

G_1, G_2 が両方アーベル群で加法的な記号を用いるときには，命題 2.5.4 (1), (2) は $\phi(0_{G_1}) = 0_{G_2}$, $\phi(-x) = -\phi(x)$ であることを意味する．G_2 がアーベル群で G_2 にだけ加法的な記号を用いるときには $\phi(1_{G_1}) = 0_{G_2}$, $\phi(x^{-1}) = -\phi(x)$ である．

例 2.5.5 (準同型 1)　H が群 G の部分群なら，包含写像 $H \to G$ は準同型である．例えば $\mathrm{O}(n)$ から $\mathrm{GL}_n(\mathbb{R})$，$\mathrm{Sp}(2n)$ から $\mathrm{GL}_{2n}(\mathbb{R})$，$\mathrm{U}(n)$ から $\mathrm{GL}_n(\mathbb{C})$ への包含写像は準同型である．　◇

例 2.5.6 (準同型 2)　G を群，$x \in G$ とする．$\mathbb{Z}$ を加法により群とみなす．$\mathbb{Z}$ から G への写像 ϕ を $\phi(n) = x^n$ と定義する．$\phi(n+m) = x^{n+m} = x^n x^m = \phi(n)\phi(m)$ なので，ϕ は準同型である．

$\mathrm{Ker}(\phi) = \{n \in \mathbb{Z} \mid x^n = 1_G\}$ だが，これは命題 2.4.19 の考察により，x の位数 d が有限なら $d\mathbb{Z}$ であり，$d = \infty$ なら $\{0\}$ である．$\mathrm{Im}(\phi) = \{x^n \mid n \in \mathbb{Z}\}$ だが，これは x により生成された部分群 $\langle x \rangle$ である．　◇

例 2.5.7 (準同型 3)　$\mathbb{R}_{>0} = \{r \in \mathbb{R} \mid r > 0\}$ とおく (例 1.1.4 参照)．$\mathbb{R}_{>0}$ を乗法により，また $\mathbb{R}$ を加法により群とみなす．写像 $\phi : \mathbb{R} \to \mathbb{R}_{>0}$ を $\phi(x) = e^x$ と定義する．$x, y \in \mathbb{R}$ なら $\phi(x+y) = e^{x+y} = e^x e^y$ なので，ϕ は準同型である．指数関数は $\mathbb{R}$ から $\mathbb{R}_{>0}$ への全単射である．したがって，命題 2.5.3 より ϕ は同型である．　◇

例 2.5.8 (準同型 4)　$\det : \mathrm{GL}_n(\mathbb{R}) \to \mathbb{R}^\times$ を行列式とする．$g, h \in \mathrm{GL}_n(\mathbb{R})$ なら，$\det(gh) = \det g \det h$ なので，$\det$ は準同型である．

$\mathrm{Ker}(\det) = \{g \in \mathrm{GL}_n(\mathbb{R}) \mid \det g = 1\} = \mathrm{SL}_n(\mathbb{R})$ である．$a \in \mathbb{R}^\times$ に対して

$$t(a) = \begin{pmatrix} a & 0 & \cdots & 0 \\ 0 & 1 & \cdots & 0 \\ \vdots & \vdots & \ddots & \vdots \\ 0 & 0 & \cdots & 1 \end{pmatrix}$$

とおくと，$\det t(a) = a$ である．したがって，$\mathrm{Im}(\det) = \mathbb{R}^\times$ である．これは $\mathrm{GL}_n(\mathbb{C})$ でも同様である．　◇

例 2.5.9 (**準同型 5**)　$\mathbb{R}$ から $\mathrm{GL}_2(\mathbb{R})$ への写像 ϕ を $\phi(u) = \begin{pmatrix} 1 & u \\ 0 & 1 \end{pmatrix}$ と定義する．$u_1, u_2 \in \mathbb{R}$ なら，

$$\phi(u_1)\phi(u_2) = \begin{pmatrix} 1 & u_1 \\ 0 & 1 \end{pmatrix}\begin{pmatrix} 1 & u_2 \\ 0 & 1 \end{pmatrix} = \begin{pmatrix} 1 & u_1+u_2 \\ 0 & 1 \end{pmatrix} = \phi(u_1+u_2)$$

なので，ϕ は準同型である．

明らかに $\mathrm{Ker}(\phi) = \{0\}$ である．$\mathrm{Im}(\phi)$ は定義どおりに解釈するしかない．◇

例 2.5.10 (**準同型 6**)　$\mathfrak{S}_n$ から $\mathrm{GL}_n(\mathbb{R})$ への準同型を構成する．

$\sigma \in \mathfrak{S}_n$ とするとき，$i = 1, \cdots, n$ に対し $(\sigma(i), i)$-成分が 1 で，他の成分がすべて 0 である $n \times n$ 行列を P_σ と書き，**置換行列**という．

E_{ij} を (i,j)-成分が 1 で他の成分がすべて 0 である $n \times n$ 行列とする．E_{ij} のことを**行列単位**という．簡単な考察で，$\boldsymbol{E_{ij}E_{kl} = \delta_{jk}E_{il}}$ であることがわかる．ただし，

$$\delta_{jk} = \begin{cases} 1 & j = k, \\ 0 & j \neq k \end{cases}$$

は**クロネッカーのデルタ**である．

明らかに $P_\sigma = \sum_{i=1}^{n} E_{\sigma(i)i}$ である．$\sigma, \tau \in \mathfrak{S}_n$ なら，

$$\begin{aligned} P_\sigma P_\tau &= \sum_{i=1}^{n} E_{\sigma(i)i} \sum_{j=1}^{n} E_{\tau(j)j} = \sum_{i,j=1}^{n} E_{\sigma(i)i}E_{\tau(j)j} = \sum_{i,j=1}^{n} \delta_{i\tau(j)}E_{\sigma(i)j} \\ &= \sum_{j=1}^{n} E_{\sigma(\tau(j))j} = \sum_{j=1}^{n} E_{\sigma\tau(j)j} = P_{\sigma\tau}. \end{aligned}$$

$e \in \mathfrak{S}_n$ を単位元とすると，$P_e = I_n$ である．$\sigma \in \mathfrak{S}_n$ なら $P_\sigma P_{\sigma^{-1}} = P_e = I_n$ なので，$P_\sigma \in \mathrm{GL}_n(\mathbb{R})$ である．よって，上で示したことにより，$\phi : \mathfrak{S}_n \ni \sigma \mapsto P_\sigma \in \mathrm{GL}_n(\mathbb{R})$ は準同型である[4)]．

部分群 $\mathrm{Im}(\phi) \subset \mathrm{GL}_n(\mathbb{R})$ は $\mathrm{GL}_n(\mathbb{R})$ のワイル (Weyl) 群というものである．◇

例 2.5.11 (**準同型 7**)　読者は線形代数で置換の**符号**の概念を学ばれただろう．$\mathrm{sgn}(\sigma)$ を置換 σ の符号とすると，sgn は $\mathfrak{S}_n$ から $\{\pm 1\}$ (例 2.3.6 参照) への準同型である．このことの証明は多くの線形代数の教科書に載っている．置換 σ は，$\mathrm{sgn}(\sigma) = 1$ なら偶置換，$\mathrm{sgn}(\sigma) = -1$ なら奇置換という．$A_n =$

---

4)　III–6.9 節で置換を右から作用させるために，置換の積を $\sigma\tau(i) = \tau(\sigma(i))$ と定義する場合には，P_σ を $(i, \sigma(i))$-成分が 1 であるように定義しないと上の写像が準同型にならない．

Ker(sgn) とおき，A_n のことを $\boldsymbol{n}$ **次交代群**という． ◇

例 2.5.12 (準同型 8)　$\{G_i\}_{i\in I}$ を I を添え字集合とする群の族とする．直積 $G=\prod_{i\in I}G_i$ は定義 2.3.22 で定義した．$l\in I$ に対し，2.3 節の最後で定義した写像 $i_l:G_l\to G$ は準同型である．したがって，G_l は G の部分群とみなすことができる． ◇

次の命題の証明は省略する．

命題 2.5.13 (準同型・同型の合成写像)

(1)　群の準同型写像の合成は準同型写像である．

(2)　群の同型写像の合成は同型写像である．同型写像の逆写像も同型写像である．

$\boldsymbol{G_1,G_2}$ **が群で** $\boldsymbol{\phi:G_1\to G_2}$ **が同型写像なら，**$\boldsymbol{G_1}$ **に関する群論的な性質は** $\boldsymbol{G_2}$ **でも成り立つ．**例えば，$x\in G_1$ の位数と $\phi(x)\in G_2$ の位数は等しい．また $|G_1|=|G_2|$ である．G_1 が自明でない部分群を持たなければ，G_2 も自明でない部分群を持たない．いちいち書かないが，後で定義するさまざまな概念についても同様である．元の位数の対応については (やさしいが) 演習問題 2.5.3 とする．

次の命題は準同型が生成元での値で決定されることを主張する．

命題 2.5.14　G_1,G_2 を群，$\phi_1,\phi_2:G_1\to G_2$ を準同型とする．もし G_1 が部分集合 S で生成されていて，$\phi_1(x)=\phi_2(x)$ がすべての $x\in S$ に対して成り立てば，$\phi_1=\phi_2$ である．

証明　G_1 の任意の元は $x_1,\cdots,x_n\in S$ により，$x_1^{\pm1}\cdots x_n^{\pm1}$ と表せる．すると，

$$\begin{aligned}\phi_1(x_1^{\pm1}\cdots x_n^{\pm1})&=\phi_1(x_1)^{\pm1}\cdots\phi_1(x_n)^{\pm1}=\phi_2(x_1)^{\pm1}\cdots\phi_2(x_n)^{\pm1}\\&=\phi_2(x_1^{\pm1}\cdots x_n^{\pm1})\end{aligned}$$

である． □

準同型を考える際には，1.2 節で解説した well-defined という概念が重要に

なってくる．演習問題 2.5.1 を是非試されたい．

> **命題 2.5.15** $\phi: G_1 \to G_2$ が準同型なら，次の (1), (2) は同値である．
>
> (1) ϕ は単射である．
>
> (2) $\mathrm{Ker}(\phi) = \{1_{G_1}\}$.

証明 **(1) ⇒ (2)**： ϕ は単射とする．命題 2.5.4 (1) より $1_G \in \mathrm{Ker}(\phi)$ である．$g \in \mathrm{Ker}(\phi)$ なら，$\phi(g) = 1_{G_2} = \phi(1_{G_1})$ である．ϕ が単射なので，$g = 1_{G_1}$ である．よって，$\mathrm{Ker}(\phi) = \{1_{G_1}\}$ である．

(2) ⇒ (1)： 逆に $\mathrm{Ker}(\phi) = \{1_{G_1}\}$ と仮定する．$g, h \in G_1$ で $\phi(g) = \phi(h)$ なら，$\phi(gh^{-1}) = \phi(g)\phi(h)^{-1} = 1_{G_2}$ なので，$gh^{-1} \in \mathrm{Ker}(\phi) = \{1_{G_1}\}$ である．よって，$g = h$ となり，ϕ は単射である． □

例 2.5.16 例 2.5.10 で考察した準同型 $\mathfrak{S}_n \to \mathrm{GL}_n(\mathbb{R})$ を考える．この準同型を ϕ とする．$\sigma \in \mathfrak{S}_n$ の像が単位行列なら，すべての $i = 1, \cdots, n$ に対して $(\sigma(i), i)$-成分が 1 なので，$\sigma(i) = i$ となり，σ は恒等写像である．これは $\mathrm{Ker}(\phi) = \{1_{\mathfrak{S}_n}\}$ であることを意味する．したがって，命題 2.5.15 より ϕ は単射である．写像 $\mathfrak{S}_n \to \phi(\mathfrak{S}_n)$ は全射なので，同型である． ◇

例 2.5.17 $V = \mathbb{R}^n$，$W = \mathbb{R}^m$，A を実数を成分にもつ $m \times n$ 行列とする．V, W は $\mathbb{R}$ 上のベクトル空間であり，加法に関してアーベル群である．$\boldsymbol{x} \in V$ に対して $T_A(\boldsymbol{x}) = A\boldsymbol{x} \in W$ と定義すると，T_A は V から W への線形写像である．線形写像は和を保つので，$T_A : V \to W$ は群の準同型である．したがって，命題 2.5.15 より T_A が単射であることと，

$$\begin{aligned} \mathrm{Ker}(T_A) &= \{\boldsymbol{x} \in \mathbb{R}^n \mid A\boldsymbol{x} = \boldsymbol{0} \ \ (\mathbb{R}^m \text{ の零ベクトル})\} \\ &= \{\boldsymbol{0} \ \ (\mathbb{R}^n \text{ の零ベクトル})\} \end{aligned} \tag{2.5.18}$$

であることは同値である． ◇

定義 2.5.19 (自己同型群) G を群とするとき，G から G への同型を**自己同型**という．G の自己同型全体の集合を $\mathbf{Aut}\,\boldsymbol{G}$ と書く．$\phi, \psi \in \mathrm{Aut}\,G$ なら，その積 $\phi\psi$ を通常の写像の合成 $\phi \circ \psi$ と定義する．すると，$\mathrm{Aut}\,G$ は恒等写像 id_G を単位元とし，逆写像を逆元とする群となることが容易にわかる．この $\mathrm{Aut}\,G$ のことを $\boldsymbol{G}$ **の自己同型群**という． ◇

演習問題 2.5.7 は自己同型に関する問題だが，群に関するさまざまな概念を使うことになるので，是非試されたい．

自己同型の解説に戻る．G を群，$g \in G$ とする．このとき，**写像 $\boldsymbol{i_g : G \to G}$ を $\boldsymbol{i_g(h) = ghg^{-1}}$ と定義する**．

$$i_g(h_1h_2) = gh_1h_2g^{-1} = gh_1g^{-1}gh_2g^{-1} = i_g(h_1)i_g(h_2) \tag{2.5.20}$$

なので，i_g は準同型である．$i_{g^{-1}}$ が i_g の逆写像であることはすぐわかるので，i_g は同型である．

定義 2.5.21 (**内部自己同型**)　G を群とする．

(1)　i_g という形をした群 G の自己同型のことを**内部自己同型**という．内部自己同型でない自己同型のことを**外部自己同型**という．

(2)　$h_1, h_2 \in G$ とする．$g \in G$ があり $h_1 = gh_2g^{-1} = i_g(h_2)$ となるとき，h_1, h_2 は**共役**であるという．　◇

注 2.5.22　G がアーベル群なら，すべての内部自己同型は恒等写像である．また，元 g と共役な元は g のみである．　◇

例 2.5.23 (**共役 1**)　$G = \mathrm{GL}_2(\mathbb{R})$，$\tau = \begin{pmatrix} 0 & 1 \\ 1 & 0 \end{pmatrix}$ とする．$\tau^2 = I_2$ なので，$\tau^{-1} = \tau$ である．簡単な計算で

$$\tau \begin{pmatrix} a & b \\ c & d \end{pmatrix} \tau = \begin{pmatrix} d & c \\ b & a \end{pmatrix}$$

であることがわかる．よって，例えば $\begin{pmatrix} 1 & 2 \\ 3 & 4 \end{pmatrix}, \begin{pmatrix} 4 & 3 \\ 2 & 1 \end{pmatrix}$ は共役である．　◇

例 2.5.24 (**共役 2**)　$G = \mathrm{GL}_n(\mathbb{C})$ とする．g, h が G で共役であるための必要十分条件は g, h のジョルダン標準形に現れるジョルダンブロックが順序を除き一致することである．このことの証明は多くの線形代数の教科書に載っている．また，II–2.13 節で別の角度からこの事実の証明を与える．　◇

命題 2.5.25　G を群とするとき，写像 $\phi : G \to \mathrm{Aut}(G)$ を $\phi(g) = i_g$ と定義する．このとき，ϕ は準同型である．

証明　$g_1, g_2 \in G$ とする．$h \in G$ に対し，

$$\phi(g_1g_2)(h) = i_{g_1g_2}(h) = g_1g_2h(g_1g_2)^{-1} = g_1g_2hg_2^{-1}g_1^{-1}$$
$$= i_{g_1}(i_{g_2}(h)) = \phi(g_1)\circ\phi(g_2)(h) = \phi(g_1)\phi(g_2)(h)$$

となる．したがって，$\phi(g_1g_2) = \phi(g_1)\phi(g_2)$ であり，ϕ は準同型である[5)]． □

定義 2.5.26 $\phi: G \to \mathrm{Aut}\,G$ を命題 2.5.25 の準同型とする．このとき，$\mathrm{Im}(\phi) \subset \mathrm{Aut}\,G$ を**内部自己同型群**といい．$\mathbf{Inn}\,\boldsymbol{G}$ と書く． ◇

この節では群の準同型について解説したが，環の準同型も定義しておかないととても不便なので，環と体の準同型を定義して，環の乗法群との関係について述べる．環の準同型については II–1.3 節で詳しく解説する．

定義 2.5.27 ((環の) 準同型・同型) A, B を (必ずしも可換ではない) 環，$\phi: A \to B$ を写像とする．

(1) $\boldsymbol{\phi(x+y) = \phi(x)+\phi(y)}$，$\boldsymbol{\phi(xy) = \phi(x)\phi(y)}$ がすべての $x, y \in A$ に対し成り立ち，$\boldsymbol{\phi(1_A) = 1_B}$ であるとき，ϕ を**準同型**という．

(2) ϕ が準同型で逆写像を持ち，逆写像も準同型であるとき，ϕ は**同型**であるという．また，このとき，A, B は同型であるといい，$\boldsymbol{A \cong B}$ と書く．

(3) A, B が可除環で，写像 $\phi: A \to B$ が環としての準同型・同型であるとき，ϕ を可除環の準同型・同型という． ◇

注 2.5.28 環の場合も $\phi: A \to B$ が環準同型という場合，A, B が環で ϕ が環準同型であることを意味する． ◇

環の準同型の核，像については II–1.3 節で解説する．

> **命題 2.5.29** A, B を環，$\phi: A \to B$ を環の準同型とするとき，$\phi(A^\times) \subset B^\times$ であり，ϕ は群の準同型 $A^\times \to B^\times$ を引き起こす．

証明 $x \in A^\times$ なら，$xy = yx = 1_A$ となる $y \in A$ が存在する．ϕ は準同型な

---

5) (2.5.20) では i_g が準同型であることを証明したが，この命題では g に i_g を対応させる写像が準同型であると主張しているので，この二つは主張が違う．線形代数でもそうだが，このように，「一つの同型を一つの元とみなす」という考え方が身についていないと，$\phi: g \mapsto i_g$ と $i_g: h \mapsto i_g(h)$ を混同しがちである．

ので,

$$1_B = \phi(1_A) = \phi(xy) = \phi(x)\phi(y), \qquad 1_B = \phi(1_A) = \phi(yx) = \phi(y)\phi(x)$$

である．したがって，$\phi(A^\times) \subset B^\times$ である．$x,y \in A^\times$ なら $\phi(xy) = \phi(x)\phi(y)$ なので，ϕ の $A^\times$ への制限は $A^\times$ から $B^\times$ への群準同型である． □

2.6　同値関係と剰余類

群の性質を調べるのに，元の位数は大きな手がかりとなる．元の位数は群の位数の約数となるが，それを証明するのに，部分群による剰余類の概念が必要になる．そのために，まず同値関係の概念について復習する．

定義 2.6.1 (**同値関係**)　集合 S 上の関係 $\sim$ が次の条件を満たすとき，**同値関係**という．以下 a,b,c は S の任意の元を表すとする．

(1) (**反射律**)　$a \sim a$.

(2) (**対称律**)　$a \sim b$ なら $b \sim a$.

(3) (**推移律**)　$a \sim b$, $b \sim c$ なら $a \sim c$. ◇

例 2.6.2 (**同値関係 1**)　集合 S 上の関係 $x = y$ は同値関係である． ◇

例 2.6.3 (**同値関係 2**)　$\mathbb{R}$ 上の通常の不等号 $x \leqq y$ は，$2 \leqq 3$ だが，$3 \leqq 2$ ではないので，同値関係ではない． ◇

例 2.6.4 (**同値関係 3**)　$f : A \to B$ を集合 A から集合 B への写像とする．$x,y \in A$ に対し，$f(x) = f(y)$ であるとき $x \sim y$ と定義する．これが集合 A 上の同値関係であることはほぼ明らかである． ◇

例 2.6.5 (**合同関係**)　正の整数 n を固定する．$x,y \in \mathbb{Z}$ に対し，$x-y$ が n で割り切れるとき $\boldsymbol{x \equiv y \mod n}$ と定義する．任意の $x \in \mathbb{Z}$ に対し $x \equiv x \mod n$ であることは明らかである．$x,y \in \mathbb{Z}$ とする．$x-y$ が n で割り切れれば $y-x$ も n で割り切れるので，$x \equiv y \mod n$ なら $y \equiv x \mod n$ となる．$x,y,z \in \mathbb{Z}$ で $x \equiv y$, $y \equiv z \mod n$ なら，$x-y = an$, $y-z = bn$ となる $a,b \in \mathbb{Z}$ があるので，

$$x-z = (x-y)+(y-z) = (a+b)n$$

も n で割り切れる．よって，$x \equiv z \mod n$ である．したがって，$x \equiv y \mod n$ は同値関係である． ◇

例 2.6.6 (部分群による同値関係) **この例がこの節の目的である．** G を群，$H \subset G$ を部分群とする．$x, y \in G$ に対し，$x^{-1}y \in H$ であるとき $x \sim y$ と定義する．$x \in G$ なら $x^{-1}x = 1_G \in H$ なので，$x \sim x$ である．$x, y \in G$ で $x \sim y$ なら $x^{-1}y \in H$ だが，H は部分群なので，$(x^{-1}y)^{-1} = y^{-1}x \in H$ となり，$y \sim x$ である．$x, y, z \in G$ で $x \sim y$, $y \sim z$ なら $x^{-1}y, y^{-1}z \in H$ だが，H は積について閉じているので，$(x^{-1}y)(y^{-1}z) = x^{-1}z \in H$ となり，$x \sim z$ である．よって，$x \sim y$ は同値関係である．$G = \mathbb{Z}$, $H = n\mathbb{Z}$ なら，例 2.6.5 の同値関係になる． ◇

定義 2.6.7 (同値類) $\sim$ を集合 S 上の同値関係とする．$x \in S$ に対し，

$$\boldsymbol{C(x) = \{y \in S \mid y \sim x\}}$$

を x の**同値類**という． ◇

$y \sim x$ なら $x \sim y$ であり，逆も成り立つので，同値類は $\{y \mid x \sim y\}$ と定義しても同じである．

命題 2.6.8 $\sim$ を集合 S 上の同値関係，$C(x)$ を $x \in S$ の同値類とする．このとき，次の (1)–(3) が成り立つ．

(1) 任意の $y, z \in C(x)$ に対し，$y \sim z$ である．

(2) もし $\boldsymbol{y \in C(x)}$ **なら** $\boldsymbol{C(x) = C(y)}$ である．

(3) もし $x, y \in S$ で $\boldsymbol{C(x) \cap C(y) \neq \emptyset}$ **なら** $\boldsymbol{C(x) = C(y)}$ である．

証明 (1) $z \sim x$ なので，$x \sim z$ である．$y \sim x$ でもあるので，$y \sim z$ となる．

(2) $y \in C(x)$ とする．(1) より $z \in C(x)$ なら，$z \sim y$ となるので，$C(x) \subset C(y)$ である．よって，$C(x) \subset C(y)$ である．$x \in C(y)$ なので，x, y の役割を入れ換えて考えると，今証明したことにより，$C(y) \subset C(x)$ である．したがって，$C(x) = C(y)$ となる．

(3) $x, y \in S$, $z \in C(x) \cap C(y)$ なら，(2) より $C(x) = C(z)$, $C(y) = C(z)$ となるので，$C(x) = C(y)$ である． □

集合 S の元 x,y が $x \sim y$ であるとき，それらを線で結んだ図を考えると，命題 2.6.8 (1) より，同値類の中ではすべての元が線で結ばれている．また命題 2.6.8 (3) より，異なった同値類の元はまったく線で結ばれない．したがって，下図のようになる．

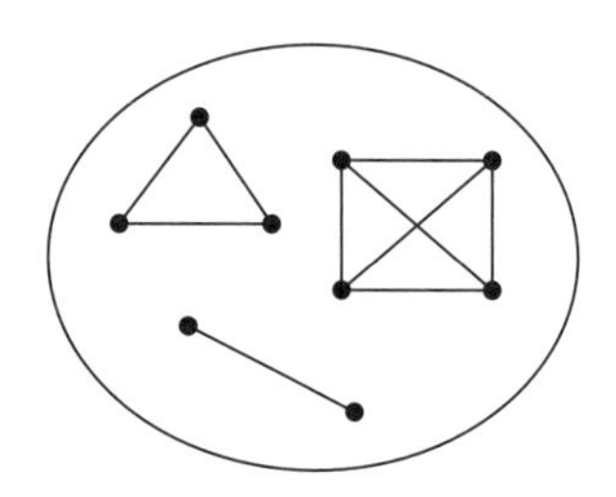

定義 2.6.9　$\sim$ を集合 S 上の同値関係とする．

(1) S の部分集合で $C(x)$ $(x \in S)$ という形をしたもの全体の集合を $S/\sim$ と書き，**同値関係による商**という．S の元 x に対して $C(x) \in S/\sim$ を対応させる写像を **S から $S/\sim$ への自然な写像**という．

(2) $S/\sim$ の元 C に対して，$x \in C$ となる S の元を C の**代表元**という．

(3) S の部分集合 R が $S/\sim$ の各元 (つまり同値類) の代表元をちょうど一つずつ含むとき，R を同値関係 $\sim$ の**完全代表系**という．　◇

命題 2.6.8 (2) により，x が $C \in S/\sim$ の代表元なら，$C = C(x)$ である．

本書では選択公理 (公理 1.4.1) を認めているので，各同値類から一つ元を選ぶことができる．したがって，完全代表系は常に存在する．命題 2.6.8 より

$$S = \coprod_{x \in R} C(x) \tag{2.6.10}$$

となる (集合の直和については，1.4 節参照)．

例 2.6.11 (同値類 1)　集合 S 上の同値関係 $x = y$ (例 2.6.2 参照) を考える．$x,y \in S$ で $C(x) = C(y)$ なら，$x \in C(y)$ である．すると $x \sim y$ だが，$\sim$ の定義より $x = y$ となる．したがって，自然な写像 $S \to S/\sim$ は単射である．定義よりこれは全射なので，自然な写像 $S \to S/\sim$ は全単射である．　◇

例 2.6.12 (同値類 2)　$f : A \to B$ を集合 A から集合 B への写像とし，$f(x) = f(y)$ であるとき $x \sim y$ と定義する．これは集合 A 上の同値関係である

(例 2.6.4 参照). このとき, $A/\sim$ から B への写像 $\overline{f}$ を $C = C(x) \in A/\sim$ ($x \in A$) に対し $\overline{f}(C) = f(x)$ と定義する. **これは写像が well-defined (1.2 節参照) になるかどうかが問題になる典型的な状況である.**

$x, y \in A$ で $C(x) = C(y)$ なら $y \in C(x)$ となり, $y \sim x$ なので, 同値関係の定義より $f(y) = f(x)$ である. したがって, 写像 $\overline{f} : A/\sim \to B$ は well-defined である. $\overline{f}$ の定義より, $\pi : A \to A/\sim$ を自然な写像とすると, $f = \overline{f} \circ \pi$ である.

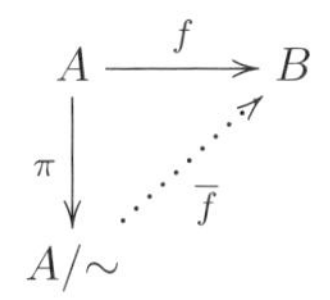

一般に, 上図のように複数の写像がある図で, 同じ集合の間の異なった経路の写像の合成が等しくなるとき, 図は**可換図式**であるという. この意味で, 上図は可換図式である.

また $\sim$ の定義より, x, y で $f(x) = f(y)$ なら $x \sim y$ である. よって, $\overline{f}$ は単射であり, $\overline{f}$ は $A/\sim$ から $f(A)$ への全単射写像となる. ◇

例 2.6.13 (**同値類 3**)　例 2.6.12 のさらに具体的な例を考える. $f(x, y) = x$ で定義される平面上の関数を考えると, 例 2.6.12 の同値関係による同値類は, c を定数として, $f(x, y) = x = c$ となる (x, y) の集合である. したがって, 同値類は y 軸に平行な直線である (下図参照). なお, 例 2.6.12 の x はこの例の (x, y) に対応する. ◇

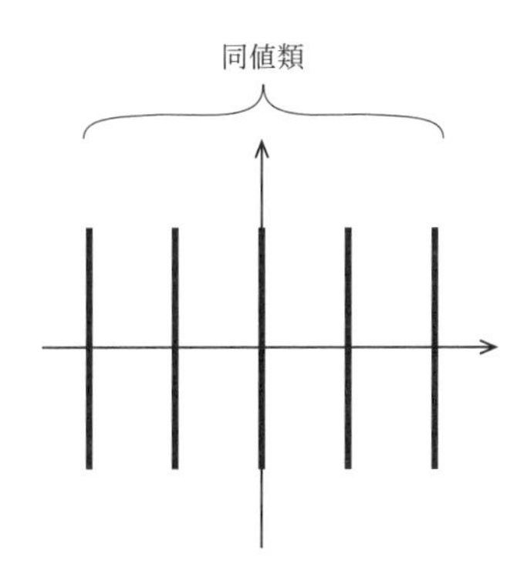

一般に S_1, S_2 が群 G の部分集合なら,

$$S_1S_2 = \{xy \mid x \in S_1,\ y \in S_2\} \tag{2.6.14}$$

と定義する．$S_1 = \{x\}$ と一つの元よりなるときには，$\{x\}S_2$ の代わりに xS_2 と書く．$S_2 = \{x\}$ の場合も同様である．$S_1S_2S_3$ など三つ以上の部分集合についても同様に定義する．群の演算を $+$ と書く場合には，S_1+S_2 などと書く．その場合も，$S_1 = \{x\}$ と一つの元よりなるときには，$x+S_2$ などと書く．

例 2.6.15 (**同値類 4**)　$n \in \mathbb{Z}\setminus\{0\}$ とする．$x,y \in \mathbb{Z}$ であり，$y-x$ が n で割り切れるとき，$x \equiv y \mod n$ と定義する (例 2.6.5 参照)．$x \in \mathbb{Z}$ の同値類は $y-x$ が n で割り切れるような y 全体である．これは $y-x \in n\mathbb{Z}$ と同値である．よって，

$$C(x) = \{x+z \mid z \in n\mathbb{Z}\} = x+n\mathbb{Z}$$

となる．命題 2.6.8 (2) より，任意の $y \in x+n\mathbb{Z}$ に対し $x+n\mathbb{Z} = y+n\mathbb{Z}$ である．**この場合の同値類を $\overline{x}$, $x \bmod n$ などと書く．** ◇

定義 2.6.16　H を群 G の部分群，$x,y \in G$ とする．

(1)　$x^{-1}y \in H$ であるとき $x \sim y$ と定義する (例 2.6.6 参照)．これは同値関係である．このとき，$x \in G$ の同値類を xH と書き，x の H による**左剰余類**[6]という．この同値関係による商，つまり左剰余類の集合を $\boldsymbol{G/H}$ と書く．

(2)　$yx^{-1} \in H$ であるとき $x \sim y$ と定義するとこれも同値関係である．$x \in G$ の同値類を $\boldsymbol{Hx}$ と書き，x の H による**右剰余類**という．この同値関係による商を $\boldsymbol{H\backslash G}$ と書く． ◇

G がアーベル群なら，左剰余類と右剰余類は同じである．例 2.6.15 の同値関係は，定義 2.6.16 の G,H として $\mathbb{Z},n\mathbb{Z}$ をとったものと一致する．n が正の整数なら，$x \in \mathbb{Z}$ の剰余類を $\overline{x}$ と書くと，$\mathbb{Z}/n\mathbb{Z} = \{\overline{0},\cdots,\overline{n-1}\}$ となり，(2.2.8) の $\mathbb{Z}/n\mathbb{Z}$ の記号と一致する．G/H は H が「正規部分群」のとき群となるが (2.8 節参照)，$\mathbb{Z}/n\mathbb{Z}$ が群として命題 2.2.10 で定義したものと一致することについては 2.8 節で解説する．

注 2.6.17　定義 2.6.16 (1) で，$y \sim x$ なら $x \sim y$ なので，$h \in H$ があり $y =$

---

6)　x が左にあるとき，左剰余類である．これは紛らわしいところである．後で解説するが，左剰余類の集合には G が左から作用するので，このような用語を使うのだろう．

xh と書ける．また逆も成り立つ．したがって，x の同値類は (2.6.14) の意味での xH と一致する．右剰余類でも同様である． ◇

以下，G, H の位数の関係について考える．

命題 2.6.18　H が群 G の部分群なら，次の (1), (2) が成り立つ．
(1)　$\boldsymbol{|G/H| = |H\backslash G|}$ である (両方とも ∞ ということもある)．
(2)　任意の $g \in G$ に対し，$\boldsymbol{|gH| = |Hg| = |H|}$．

証明　(1)　G/H から $H\backslash G$ への写像 α を $\alpha(gH) = Hg^{-1}$ と定義する．α が well-defined であることを示す．

$g \in G,\ h \in H$ なら $(gh)^{-1} = h^{-1}g^{-1}$ なので，これは g^{-1} と同じ右剰余類の元である．したがって，$Hh^{-1}g^{-1} = Hg^{-1}$ となり，α は well-defined である．

同様にして $\beta(Hg) = g^{-1}H$ という写像 $H\backslash G \to G/H$ も well-defined である．α, β は互いの逆写像になるので，両方とも全単射である．したがって，$|G/H| = |H\backslash G|$ である．

(2)　H から gH への写像 ϕ を $H \ni h \mapsto gh \in gH$ と定義する．$h_1, h_2 \in H$, $gh_1 = gh_2$ なら g^{-1} を左からかけ，$h_1 = h_2$ である．よって，ϕ は単射である．ϕ は明らかに全射なので全単射である．したがって，$|gH| = |H|$ である．$|Hg| = |H|$ も同様である． □

定義 2.6.19　$G/H, H\backslash G$ の元の個数を $\boldsymbol{(G:H)}$ と書き，H の G における**指数**という． ◇

次のラグランジュの定理は部分群の位数に関して基本的である．

定理 2.6.20 (ラグランジュの定理)　上の状況で $\boldsymbol{|G| = (G:H)\,|H|}$ である．

証明　G/H の完全代表系 $\{x_i\}$ をとると，$G = \coprod_i x_i H$ である．すべての i に対し $|x_i H| = |H|$ なので，$|G| = (G:H)|H|$ である ($|G| = \infty$ でもよい)． □

ラグランジュの定理は次の系の形で使うことが多い．

系 2.6.21　G を有限群とするとき，次の (1), (2) が成り立つ.

(1)　$\boldsymbol{H}$ が $\boldsymbol{G}$ の部分群なら，$|\boldsymbol{H}|$ は $|\boldsymbol{G}|$ の約数である.

(2)　$\boldsymbol{g} \in \boldsymbol{G}$ の位数は $|\boldsymbol{G}|$ の約数である.

証明　(1)　$(G:H)$ は整数なので，ラグランジュの定理 (定理 2.6.20) より $|H|$ は $|G|$ の約数である.

(2)　H を g で生成される群 $\langle g \rangle$ とすると，$|H|$ は g の位数である (命題 2.4.20). したがって，(1) より g の位数は $|G|$ の約数である.　□

系 2.6.21 は群の部分群の位数に大きな制約をもたらすので，次の命題のように，与えられた群の部分群を調べるための大きな手がかりとなる.

命題 2.6.22　G を位数が素数 p の群とする．このとき，$G \ni x \neq 1_G$ なら $G = \langle x \rangle$ である．したがって，G は巡回群である.

証明　$H = \langle x \rangle$ とする．$|H|$ は $|G| = p$ の約数である．$x \neq 1_G$ なので，$|H| \neq 1$ である．p は素数なので，$|H| = p$ となる．$H \subset G$ は元の個数が等しいので，$H = G$ である (命題 1.1.7 (2)).　□

次の定理はラグランジュの定理の非常に有名な応用である.

定理 2.6.23 (フェルマー (Fermat) の小定理)　p が素数で $x \in \mathbb{Z}$ が p で割り切れなければ，$\boldsymbol{x^{p-1} \equiv 1 \mod p}$.

証明　$(\mathbb{Z}/p\mathbb{Z})^{\times}$ は元の個数が $p-1$ の群なので，系 2.6.21 より $x = 1, \cdots, p-1$ に対し，$\overline{x}^{p-1} = \overline{1}$ である．これは $x^{p-1}-1$ が p で割り切れることを意味する．$x \in \mathbb{Z}$ を p で割った余りが i なら，x^{p-1} を p で割った余りと i^{p-1} を p で割った余りは等しいので，$x^{p-1} \equiv 1 \mod p$ である.　□

系 2.6.24　p が素数なら，すべての $x \in \mathbb{Z}$ に対し，$\boldsymbol{x^p \equiv x \mod p}$.

証明　x が p で割り切れれば，$x^p, x \equiv 0 \mod p$ である．x が p で割り切れな

ければ，定理 2.6.23 より $x^{p-1}-1$ は p で割り切れる．よって，$x(x^{p-1}-1)=x^p-x$ も p で割り切れる． □

2.7 両側剰余類*

$\mathrm{GL}_n(\mathbb{R})$, $\mathrm{GL}_n(\mathbb{C})$, $\mathrm{SO}(n)$, $\mathrm{Sp}(2n)$ などの群は「リー群」とよばれるものの例である．このような群を調べる場合，両側剰余類という概念を使うことが多い．この節では，この概念について解説する．

H,K を群 G の部分群とする．$g_1,g_2\in G$ に対し，$h\in H$ と $k\in K$ が存在し $g_1=hg_2k$ となるとき $g_1\sim g_2$ と定義する．

任意の $g\in G$ に対し $g=1_Hg1_K$ なので，$g\sim g$ である．$g_1=hg_2k$ なら $g_2=h^{-1}g_1k^{-1}$ なので，$g_2\sim g_1$．もしさらに $g_2=h'g_3k'$ なら，$g_1=(hh')g_3(k'k)$ なので，$g_1\sim g_3$．したがって，$\sim$ は同値関係である．

定義 2.7.1 (両側剰余類)　上の同値関係による商 $G/{\sim}$ を $\boldsymbol{H\backslash G/K}$ と書き，$H\backslash G/K$ の元を H,K による**両側剰余類**という． ◇

剰余類 G/H の場合と同様に，両側剰余類は $HgK=\{hgk\mid h\in H,\ k\in K\}$ という形をしていることがわかる．g はこの両側剰余類の**代表元**という．$g'\in HgK$ なら $HgK=Hg'K$ であることも G/H の場合と同様である．また，各両側剰余類の元をちょうど一つずつ含む集合 R のことを，$H\backslash G/K$ の**完全代表系**という．

例 2.7.2 (両側剰余類 1)　$G=\mathfrak{S}_3$, $H=\langle(123)\rangle$, $K=\langle(12)\rangle$ とする．$1_G\in H,K$ なので，$H,K\subset H1_GK$ である．$(123)(12)=(13)$, $(132)(12)=(23)$ なので，$G=H1_GK$ である． ◇

例 2.7.3 (両側剰余類 2)　$t_1,t_2\in\mathbb{R}^\times$, $u\in\mathbb{R}$ に対して，

$$a(t_1,t_2)=\begin{pmatrix}t_1&0\\0&t_2\end{pmatrix},\quad n(u)=\begin{pmatrix}1&0\\u&1\end{pmatrix}\tag{2.7.4}$$

とおく．

$B=\{a(t_1,t_2)n(u)\mid t_1,t_2\in\mathbb{R}^\times,\ u\in\mathbb{R}\}$, $N=\{n(u)\mid u\in\mathbb{R}\}$ とおくと，B,N ともに $\mathrm{GL}_2(\mathbb{R})$ の部分群で (これはやさしいので認める)，N は B の部分群で

ある．例 2.5.9 と同様に，$n(u_1)n(u_2) = n(u_1+u_2)$ $(u_1, u_2 \in \mathbb{R})$ である．

以下の考察では

$$g = \begin{pmatrix} a & b \\ c & d \end{pmatrix}, \quad \tau = \begin{pmatrix} 0 & 1 \\ 1 & 0 \end{pmatrix} \tag{2.7.5}$$

とおく．両側剰余類 $N\backslash G/B$ については次の定理が知られている．

> **定理 2.7.6** (ブリューア分解)　$W = \{I_2, \tau\}$ とおくと，W は両側剰余類 $N\backslash G/B$ の完全代表系である．

証明　g を (2.7.5) の形をした行列とする．$b \neq 0$ なら，

$$n\left(-\frac{d}{b}\right)g = \begin{pmatrix} a & b \\ c' & 0 \end{pmatrix}$$

という形になる．左辺は正則行列なので，行列式を考えることにより $c' \neq 0$ となる．すると，

$$n\left(-\frac{d}{b}\right)g\,a(c'^{-1}, b^{-1})\,n\left(-\frac{a}{c'}\right) = \tau$$

である．よって，この場合 $g = n\tau b$ となる $n \in N$, $b \in B$ が存在する．

もし $b = 0$ なら，$g \in B$ である．よって，$g = I_2 g \in NI_2B$ となる．NB の元はすべて下三角行列である．τ は下三角行列ではないので，I_2, τ の属する両側剰余類は異なる．したがって，W は $N\backslash G/B$ の完全代表系である．　□

定理の分解 $\mathrm{GL}_2(\mathbb{R}) = NWB$ を $\mathrm{GL}_2(\mathbb{R})$ の場合の**ブリューア分解**という．　◇

2.8　正規部分群と剰余群

H が群 G の部分群なら，G/H, $H\backslash G$ は剰余類の集合として定義された．H が以下で定義する正規部分群であるときには，G/H が $H\backslash G$ と同一視され，群の構造が自然に入ることについて解説する．

定義 2.8.1 (正規部分群)　H を群 G の部分群とする．すべての $g \in G$, $h \in H$ に対し $ghg^{-1} \in H$ となるとき，H を G の**正規部分群**といい，$\boldsymbol{H \lhd G}$，あるいは $\boldsymbol{G \rhd H}$ と書く．　◇

例 2.8.2 (正規部分群 1)　G がアーベル群で H が任意の部分群なら，

$ghg^{-1} = gg^{-1}h = 1_G h = h \in H$ となるので，H は正規部分群である． ◇

一般には，正規部分群は次のようにして現れる．

命題 2.8.3 G_1, G_2 が群で $\phi : G_1 \to G_2$ が準同型なら，$\mathrm{Ker}(\phi)$ は G_1 の正規部分群である．

証明 $g \in G_1$，$h \in \mathrm{Ker}(\phi)$ なら，

$$\phi(ghg^{-1}) = \phi(g)\phi(h)\phi(g)^{-1} = \phi(g)\phi(g)^{-1} = 1_{G_2}$$

となるので，$ghg^{-1} \in \mathrm{Ker}(\phi)$ となる．よって，$\mathrm{Ker}(\phi) \lhd G_1$ である． □

例 2.8.4 (**正規部分群 2**) $\mathrm{GL}_n(\mathbb{R}) \ni g \mapsto \det g \in \mathbb{R}^\times$ は全射準同型で，$\mathrm{Ker}(\det) = \mathrm{SL}_n(\mathbb{R})$ であった (例 2.5.8)．したがって，$\mathrm{SL}_n(\mathbb{R}) \lhd \mathrm{GL}_n(\mathbb{R})$ である．同様に，$\mathrm{SL}_n(\mathbb{C}) \lhd \mathrm{GL}_n(\mathbb{C})$ である． ◇

例 2.8.5 (**正規部分群 3**) 置換 σ にその符号 $\mathrm{sgn}(\sigma)$ を対応させる写像は準同型であった (例 2.5.11)．したがって，$A_n = \mathrm{Ker}(\mathrm{sgn}) \lhd \mathfrak{S}_n$ である．$n = 3$ なら，$A_n = \langle (123) \rangle$ である．したがって，$\langle (123) \rangle \lhd \mathfrak{S}_3$ である． ◇

例 2.8.6 (**正規部分群 4**) $G = \mathrm{GL}_2(\mathbb{R})$ とし，例 2.7.3 の部分群 N, B と (2.7.4) の記号 $a(t_1, t_2), n(u)$ をここでも使うことにする．

$$\begin{aligned} a(t_1,t_2)n(u)n(u')(a(t_1,t_2)n(u))^{-1} &= a(t_1,t_2)n(u)n(u')n(-u)a(t_1^{-1},t_2^{-1}) \\ &= a(t_1,t_2)n(u')a(t_1^{-1},t_2^{-1}) \\ &= n(t_1^{-1}t_2u') \in N \end{aligned}$$

となる．したがって，$N \lhd B$ である．B は $\mathrm{GL}_2(\mathbb{R})$ のボレル (Borel) 部分群とよばれるものの一つである． ◇

群の部分群が正規部分群であることを示すのには，次の命題も有用である．

命題 2.8.7 N は群 G の部分群で，G, N はそれぞれ部分集合 S, T で生成されているとする．このとき，すべての $x \in S$，$y \in T$ に対し xyx^{-1}，$x^{-1}yx \in N$ なら，N は正規部分群である．もし G が有限群なら，条件 $xyx^{-1} \in N$ だけで十分である．

証明　まず S の任意の元 x に対し，$xNx^{-1}, x^{-1}Nx \subset N$ であることを示す．N の任意の元は T の元による語なので，$y_1, \cdots, y_n \in T$ により $y_1^{\pm 1} \cdots y_n^{\pm 1}$ という形をしている．すると，

$$xy_1^{\pm 1} \cdots y_n^{\pm 1} x^{-1} = xy_1^{\pm 1} x^{-1} xy_2^{\pm 1} x^{-1} \cdots xy_n^{\pm 1} x^{-1}$$

だが，$xy_i x^{-1} \in N$ なので，$(xy_i x^{-1})^{-1} = xy_i^{-1} x^{-1} \in N$ でもある．したがって，上の元は N の元となる．$x^{-1}Nx \subset N$ となることも同様である．

G の任意の元は S の元による語である．つまり，$x_1, \cdots, x_m \in S$ があり，$g = x_1^{\pm 1} \cdots x_m^{\pm 1}$ という形をしている．すると，

$$\begin{aligned} gNg^{-1} &= (x_1^{\pm 1} \cdots x_m^{\pm 1}) N (x_1^{\pm 1} \cdots x_m^{\pm 1})^{-1} \\ &= (x_1^{\pm 1} \cdots x_{m-1}^{\pm 1}) x_m^{\pm 1} N (x_m^{\pm 1})^{-1} (x_1^{\pm 1} \cdots x_{m-1}^{\pm 1})^{-1} \\ &\subset (x_1^{\pm 1} \cdots x_{m-1}^{\pm 1}) N (x_1^{\pm 1} \cdots x_{m-1}^{\pm 1})^{-1}. \end{aligned}$$

m に関する帰納法でこれは N の元となる．よって，N は正規部分群である．

もし G が有限群なら，$n = |G|$ とすると，任意の $x \in S$ に対し $x^n = 1_G$ である．$x^{-1} = x^{n-1}$ なので，S の元の語として，$x_1, \cdots, x_m \in S$ により $x_1 \cdots x_m$ という形をしたものだけ考えればよい．したがって，上の証明より，$xyx^{-1} \in N$ がすべての $x \in S$, $y \in T$ に対し成り立てば十分である．　□

命題 2.8.7 は要するに，**正規部分群であることの判定には，$\boldsymbol{G}, \boldsymbol{N}$ ともに生成元だけ考えればよい**ということを主張している．

> **系 2.8.8**　G を群，$S \subset G$ とする．このとき，
>
> $$N = \langle \{ xyx^{-1} \mid x \in G,\ y \in S \} \rangle$$
>
> は S を含む最小の G の正規部分群である．

例 2.8.9 (正規部分群 5)　$G = \mathfrak{S}_3$, $N = \langle (123) \rangle$ とする．例 2.8.5 で N が G の正規部分群であることをみたが，命題 2.8.7 を適用することも可能であることを示す．G は $S = \{(123), (12)\}$ で生成されている．

$$\begin{aligned} &(123)(123)(123)^{-1} = (123) \in N, \\ &(12)(123)(12)^{-1} = (12)(123)(12) = (132) = (123)^2 \in N \end{aligned}$$

である．G は有限群なので，命題 2.8.7 より N は正規部分群である．　◇

補題 2.8.10 N が群 G の正規部分群で $g\in G$ なら，$\boldsymbol{gN=Ng}$ である．

証明 $n\in N$ なら，$n'=gng^{-1}$ とおくと $n'\in N$ である．よって，$gn=n'g\in Ng$ である．これがすべての $n\in N$ に対して成り立つので，$gN\subset Ng$ である．同様の議論で $Ng\subset gN$ も成り立つので，$gN=Ng$ である． □

この補題は，**N が正規部分群なら，左剰余類と右剰余類が一致することを主張している．**

π を自然な写像 $G\to G/N$ とする．つまり，$g\in G$ に対し $\pi(g)=gN\in G/N$ である．G/N の二つの元を剰余類の代表元 $g,h\in G$ により gN,hN と表す．このとき，gN,hN の積を

$$\boldsymbol{(gN)(hN)\overset{\mathrm{def}}{=}ghN}$$

と定義する．この定義が代表元 g,h の取りかたによらないことを示す．gN,hN の任意の元はそれぞれ $n,n'\in N$ により gn,hn' と書ける．すると，$gnhn'=ghh^{-1}nhn'$ だが，$h^{-1}nh\in N$ なので，$h^{-1}nhn'\in N$．よって，$gnhn'$, gh の剰余類は等しい．したがって，上の定義は well-defined な写像

$$\boldsymbol{G/N\times G/N\ni(gN,hN)\mapsto ghN\in G/N}$$

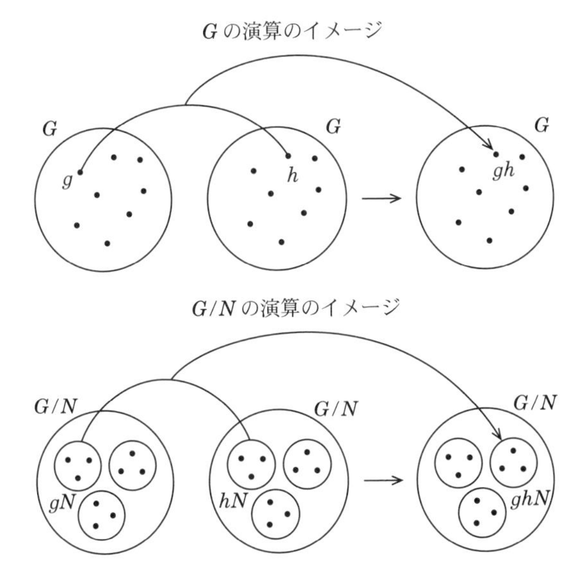

を定義する．

> **定理 2.8.11**　G/N は上の演算により群になる．

証明　$1_G N = N$ が単位元となることは明らかである．$g, h, k \in G$ なら，$(gh)k = g(hk)$ なので，

$$
\begin{aligned}
((gN)(hN))(kN) &= (ghN)(kN) = ((gh)k)N = (g(hk))N \\
&= (gN)((hk)N) = (gN)((hN)(kN))
\end{aligned}
$$

となり，結合法則が成り立つ．逆元の存在も同様である．□

定義 2.8.12 (剰余群)　G/N に上の演算を考えたものを，G の N による**商群**または**剰余群**という．◇

注 2.8.13　ここでは主に群について解説しているが，後で環，環上の加群，体について解説するときに，関連した用語が必要になる．ここで，これから使用する用語について説明する．

部分群，部分環，部分加群，部分体といった用語には説明は必要ないだろう．しかし,「商」,「分数」といったことに関連した用語については少し説明する．これから必要となるのは次の用語である．

(1) G/N: G は群で N はその正規部分群

(2) A/I: A は環で I はその「イデアル」

(3) M/N: M は環上の加群で N はその部分加群

(4) $\{a/b \mid a \in A,\ b \in A \setminus \{0\}\}$: A は「整域」

	日本語	英語
G/N	剰余群	quotient group
A/I	剰余環	quotient ring
M/N	剰余加群	quotient module
$\{a/b\}$	商体	fraction field

(1) については，G/N は同値関係による $S/\sim$ (定義 2.6.9) なので，商 (quotient) という用語を使うのが自然である．A/I, M/N も加法についての

商なので，英語版では (1)–(3) に quotient という用語を使う．すると，(4) は quotient ではない用語で fraction という用語を使うことになる．英語では G/N の元は coset (もし residue class なら G/N は residual group で quotient group にならない) なので問題ないが，日本語では G/N の元は剰余類なので，商群というよりは剰余群と言いたくなる．本書でもそのようにした．すると $A/I, M/N$ も剰余環，剰余加群と呼ぶのが自然である．(4) も商体という用語がよく使われるので，そのようにした．$S/\sim$ が商であることと整合性がないが，習慣を考慮した結果なので，お許しいただきたい． ◇

命題 2.8.14 自然な写像 $\pi : G \to G/N$ は群の全射準同型である．また，$\mathrm{Ker}(\pi) = N$ である．

証明 π が全射であることは G/N の定義より明らかである．G/N の積の定義より π は準同型である．G/N の単位元は N なので，$g \in G$ で $\pi(g) = gN = N$ であることと $g \in N$ であることは同値である．よって，$\mathrm{Ker}(\pi) = N$ である． □

例 2.8.15 (**剰余群 1**) $n \neq 0$ を整数とし，剰余群 $\mathbb{Z}/n\mathbb{Z}$ を考える．$x \in \mathbb{Z}$ の $n\mathbb{Z}$ に関する剰余類を $\overline{x}$ とする．剰余群 $\mathbb{Z}/n\mathbb{Z}$ の演算の定義は $x, y \in \mathbb{Z}$ に対して $(x+n\mathbb{Z})+(y+n\mathbb{Z}) = (x+y+n\mathbb{Z})$ とするものである．もし $x+y = qn+r$ で $q, r \in \mathbb{Z}$, $0 \leqq r < |n|$ なら，$x+y+n\mathbb{Z} = r+n\mathbb{Z}$ である．$n > 0$ で $0 \leqq x, y < n$ なら，この定義は命題 2.2.10 の和の定義と一致する．

ここでは，$\mathbb{Z}, \mathbb{Z}/n\mathbb{Z}$ の加法による群構造を考えているが，$n\mathbb{Z} \subset \mathbb{Z}$ は $\mathbb{Z}$ の「イデアル」と呼ばれるものである．II–1.3 節では，イデアルによる「商」は環の構造をもつことを示す．その環構造は命題 2.2.10 の前で定義されたものと一致する．これについては例 II–1.4.9 で解説する． ◇

例 2.8.16 (**剰余群 2**) $G = \mathfrak{S}_3$，$N = \langle(123)\rangle$ とおく (例 2.8.9 参照)．

$$6 = |\mathfrak{S}_3| = (\mathfrak{S}_3 : N)\,|N| = 3(\mathfrak{S}_3 : N) = 3|\mathfrak{S}_3/N|$$

なので，$|\mathfrak{S}_3/N| = 2$ である．$(12) \notin N$ なので，$(12)N \in \mathfrak{S}_3/N$ は単位元ではない．2 は素数なので，$\mathfrak{S}_3/N$ は $(12)N$ で生成される巡回群である． ◇

2.10 節で準同型定理について解説した後でもう少し剰余群の例を述べる．

2.9 群の直積

定義 2.3.22 で群の直積の概念を定義したが，この節では，群がいつ二つの部分群の直積と同型になるかについて解説する．

G_1, G_2 を群とする．定義 2.3.22 の後で指摘したように，G_1, G_2 は直積 $G_1 \times G_2$ の部分群とみなせる．

> **命題 2.9.1** (1) $G_1 \times G_2$ の中で G_1 の元と G_2 の元は可換である．
> (2) G_1, G_2 は $G_1 \times G_2$ の正規部分群である．

証明 (1) $(g_1, 1_{G_2})(1_{G_1}, g_2) = (1_{G_1}, g_2)(g_1, 1_{G_2}) = (g_1, g_2)$ となるので，G_1 の元と G_2 の元は可換である．

(2) $g_1 \in G_1$，$(g_1', g_2') \in G_1 \times G_2$ なら，

$$(g_1', g_2')(g_1, 1_{G_2})(g_1', g_2')^{-1} = (g_1' g_1 {g_1'}^{-1}, 1_{G_2})$$

なので，$G_1 \lhd G_1 \times G_2$ である．同様に，$G_2 \lhd G_1 \times G_2$ である．□

ある意味で上の命題の逆も成り立つ．

> **命題 2.9.2** G が群，$H, K \subset G$ が正規部分群で $H \cap K = \{1_G\}$，$HK = G$ とする．このとき，G は直積 $H \times K$ と同型である．

証明 $H \times K$ から G への写像 ϕ を $\phi(h, k) = hk$ と定義する．仮定よりこれは全射である．$h \in H$, $k \in K$ とする．$hkh^{-1}k^{-1} = (hkh^{-1})k^{-1}$ だが，$K \lhd G$ なので，$hkh^{-1} \in K$．よって，$hkh^{-1}k^{-1} \in K$．また，$hkh^{-1}k^{-1} = h(kh^{-1}k^{-1})$ なので，同様の理由により $hkh^{-1}k^{-1} \in H$．よって，$hkh^{-1}k^{-1} \in H \cap K = \{1_G\}$．これより，$hkh^{-1}k^{-1} = 1_G$ となる．したがって，$hk = kh$ である．

$$\phi(h, k)\phi(h', k') = hkh'k' = hh'kk' = \phi(hh', kk')$$

なので，ϕ は準同型である．$(h, k) \in \mathrm{Ker}(\phi)$ なら，$hk = 1_G$．よって，$h = k^{-1} \in H \cap K = \{1_G\}$．よって，$h = k = 1_G$．これは $\mathrm{Ker}(\phi) = \{1_G\}$ であることを意味する．したがって ϕ は単射となり (命題 2.5.15)，同型である．□

次の定理は，ある意味では 2000 年以上前から知られていた定理である．

定理 2.9.3 (中国式剰余定理)　$m,n \neq 0$ が互いに素な整数なら，$\mathbb{Z}/mn\mathbb{Z}$ は $\mathbb{Z}/m\mathbb{Z}\times\mathbb{Z}/n\mathbb{Z}$ と同型である．

証明　$\mathbb{Z}/mn\mathbb{Z}$ から $\mathbb{Z}/m\mathbb{Z}\times\mathbb{Z}/n\mathbb{Z}$ への写像 ϕ を

$$\phi(x+mn\mathbb{Z}) = (x+m\mathbb{Z}, x+n\mathbb{Z})$$

と定義する．$y \in x+mn\mathbb{Z}$ なら，$a \in \mathbb{Z}$ により $y = x+mna$ となる．よって，$y \in x+m\mathbb{Z}, x+n\mathbb{Z}$ であり，$y+m\mathbb{Z} = x+m\mathbb{Z}$, $y+n\mathbb{Z} = x+n\mathbb{Z}$ となる．したがって，写像 ϕ は well-defined である．ϕ が準同型であることは明らかである．

ϕ が全射であることを示す．m,n は互いに素なので，$ma+nb=1$ となる整数 a,b が存在する (系 2.4.14)．$x,y \in \mathbb{Z}$ に対して $z = may+nbx$ とおくと，

$$\begin{aligned} z &= may+(1-ma)x = x+ma(y-x) \\ &= (1-nb)y+nbx = y+nb(x-y) \end{aligned}$$

となるので，$z+m\mathbb{Z} = x+m\mathbb{Z}$, $z+n\mathbb{Z} = y+n\mathbb{Z}$, つまり $\phi(z+mn\mathbb{Z}) = (x+m\mathbb{Z}, y+n\mathbb{Z})$ である．したがって，ϕ は全射である．$|\mathbb{Z}/mn\mathbb{Z}| = |\mathbb{Z}/m\mathbb{Z}\times\mathbb{Z}/n\mathbb{Z}| = mn$ なので，ϕ は元の個数が等しい集合の間の全射である．したがって，命題 1.1.7 (2) により ϕ は全単射となるので，同型である．□

上の命題を証明するのに，ϕ が単射であることを証明するほうが ϕ が全射であることを証明するよりも簡単である．ϕ の単射性が示せれば，やはり元の個数が同じ集合の間の単射の性質により，ϕ が全単射になることがわかる．しかし，上の証明は $\mathbb{Z}/m\mathbb{Z}\times\mathbb{Z}/n\mathbb{Z}$ の元に対応する $\mathbb{Z}/mn\mathbb{Z}$ の元を具体的に記述する方法を与えるので，このような証明にした．この部分は系の形で書いておく．

系 2.9.4　定理 2.9.3 の状況で a,b を $ma+nb=1$ となる整数とする．このとき，$x,y \in \mathbb{Z}$ に対して $\boldsymbol{z = may+nbx}$ とおくと，$\boldsymbol{z+m\mathbb{Z} = x+m\mathbb{Z}}$, $\boldsymbol{z+n\mathbb{Z} = y+n\mathbb{Z}}$ である．

例 2.9.5　次の同型は定理 2.9.3 より従う．

(1)　$\mathbb{Z}/63\mathbb{Z} \cong \mathbb{Z}/9\mathbb{Z}\times\mathbb{Z}/7\mathbb{Z}$.

(2)　$\mathbb{Z}/105\mathbb{Z} \cong \mathbb{Z}/3\mathbb{Z}\times\mathbb{Z}/35\mathbb{Z} \cong \mathbb{Z}/3\mathbb{Z}\times\mathbb{Z}/5\mathbb{Z}\times\mathbb{Z}/7\mathbb{Z}$.

(3)　$\mathbb{Z}/2\mathbb{Z}\times\mathbb{Z}/3\mathbb{Z} \cong \mathbb{Z}/6\mathbb{Z}$.　◇

例題 2.9.6　整数 x で $x \equiv 3 \mod 35$, $x \equiv 5 \mod 41$ となるものを一つみつけよ．

解答　まず $35a+41b=1$ となる a,b を求める．ユークリッドの互除法により

$$41 = 35+6, \qquad 35 = 5\cdot 6+5, \qquad 6 = 5+1$$

なので，

$$\begin{aligned} 1 &= 6-5 = 6-(35-5\cdot 6) = -35+6\cdot 6 \\ &= -35+6(41-35) = 6\cdot 41-7\cdot 35. \end{aligned}$$

系 2.9.4 より $x = 6\cdot 41\cdot 3-7\cdot 35\cdot 5 = 738-1225 = -487$ とおけばよい．x に $35\cdot 41 = 1435$ を加えても 35, 41 で割った余りは変わらないので，948 でもよい．　□

与えられた群の部分群をすべて求めるという問題の重要性については 3 章で述べるが，そのような問題について解説する．4.5 節のシローの定理を使うといくぶん考察が簡単になるが，ここではシローの定理を使わずに考察する．

例題 2.9.7　$G = \mathbb{Z}/2\mathbb{Z}\times\mathbb{Z}/2\mathbb{Z}\times\mathbb{Z}/3\mathbb{Z}$ とするとき，G の部分群をすべて求めよ．

解答　$|G| = 12$ なので，G の部分群の位数の可能性は $1,2,3,4,6,12$ である．位数が $1,12$ である部分群が $\{0\},G$ であることは明らかなので，部分群の位数が $1,12$ でない場合を考える．$H \subset G$ を部分群とする．

$|H| = 2$ なら，2 は素数なので，命題 2.6.22 により，H は位数 2 の元で生成される．$\mathbb{Z}/2\mathbb{Z}\times\mathbb{Z}/2\mathbb{Z}\times\mathbb{Z}/3\mathbb{Z} \ni g = (\overline{a},\overline{b},\overline{c})$ とする．2 は素数なので，g の位数が 2 であることと，$g \neq 0$ であり，$2g = 0$ であることは同値である．$\overline{c}$ の位数は $1,3$ なので，$\overline{c} = \overline{0}$ である．よって，$2g = 0$ なら，

$$g = (\overline{a},\overline{b},\overline{0}), \qquad a = 0,1,\ b = 0,1$$

である．逆に g が上の形なら，$2g = 0$ となることは明らかである．$|H| = 2$ なら H は 0 と位数 2 の元よりなるので，H の 0 以外の元が異なれば，異なる部分群である．よって，位数 2 の部分群は

$$\langle(\overline{\mathbf{0}},\overline{\mathbf{1}},\overline{\mathbf{0}})\rangle,\ \langle(\overline{\mathbf{1}},\overline{\mathbf{0}},\overline{\mathbf{0}})\rangle,\ \langle(\overline{\mathbf{1}},\overline{\mathbf{1}},\overline{\mathbf{0}})\rangle. \tag{2.9.8}$$

$|H|=3$ なら，3 は素数なので，$|H|=2$ の場合と同様な考察で，H は位数 3 の元で生成されている．$g=(\overline{a},\overline{b},\overline{c})$ で $3g=0$ なら，$\overline{a},\overline{b}$ の位数は 1,2 なので，$\overline{a}=\overline{b}=\overline{0}$ である．よって，$g=(\overline{0},\overline{0},\overline{1}),(\overline{0},\overline{0},\overline{2})$ である．逆に g がこの形なら，$3g=0$ である．$\mathbb{Z}/3\mathbb{Z}$ では $2\overline{2}=\overline{1}$ なので，これらは同じ部分群を生成する．よって，位数 3 の部分群は

$$\langle(\overline{\mathbf{0}},\overline{\mathbf{0}},\overline{\mathbf{1}})\rangle. \tag{2.9.9}$$

$|H|=4$ とする．$(\overline{a},\overline{b},\overline{c})\in H$ で $\overline{c}\neq\overline{0}$ なら，$\overline{c}$ の位数は 3 なので，$4\overline{c}\neq\overline{0}$ である．したがって，H は $\mathbb{Z}/2\mathbb{Z}\times\mathbb{Z}/2\mathbb{Z}$ に含まれる．$|H|=4$ なので，位数 4 の部分は

$$\langle(\overline{\mathbf{1}},\overline{\mathbf{0}},\overline{\mathbf{0}}),(\overline{\mathbf{0}},\overline{\mathbf{1}},\overline{\mathbf{0}})\rangle. \tag{2.9.10}$$

$|H|=6$ とする．H が (2.9.10) の部分群に含まれれば $|H|=1,2,4$ となり矛盾なので，$(\overline{a},\overline{b},\overline{c})\in H$ で $\overline{c}\neq\overline{0}$ であるものがある．$2(\overline{a},\overline{b},\overline{c})=(\overline{0},\overline{0},2\overline{c})$ で $2\overline{c}\neq\overline{0}$ なので，H は (2.9.9) の部分群を含む．H は $(\overline{a},\overline{b},\overline{c})$ で $\overline{a}\neq\overline{0}$ または $\overline{b}\neq\overline{0}$ である元を含む．H は (2.9.9) の部分群を含むので，$(\overline{a},\overline{b},\overline{c})\in H$ なら，$(\overline{a},\overline{b},0)\in H$ である．したがって，H は $(\overline{1},\overline{0},\overline{0})$, $(\overline{0},\overline{1},\overline{0})$, $(\overline{1},\overline{1},\overline{0})$ のどれかを含む．このうちの二つ以上を含めば，(2.9.10) の部分群を含むので，$|H|$ は 4 の倍数となり矛盾である．よって，H は上の元のうち一つだけを含む．結局，H は

$$\langle(\overline{\mathbf{1}},\overline{\mathbf{0}},\overline{\mathbf{0}}),(\overline{\mathbf{0}},\overline{\mathbf{0}},\overline{\mathbf{1}})\rangle,\ \langle(\overline{\mathbf{0}},\overline{\mathbf{1}},\overline{\mathbf{0}}),(\overline{\mathbf{0}},\overline{\mathbf{0}},\overline{\mathbf{1}})\rangle,\ \langle(\overline{\mathbf{1}},\overline{\mathbf{1}},\overline{\mathbf{0}}),(\overline{\mathbf{0}},\overline{\mathbf{0}},\overline{\mathbf{1}})\rangle \tag{2.9.11}$$

のどれかであり，これらはすべて異なる部分群である．□

2.10 準同型定理

この節では準同型定理について解説する．次の準同型定理は群に対してだけでなく，環，あるいは環上の加群 (第 2 巻参照) に対しても使われる重要な定理である．狭い意味では定理 2.10.1 を準同型定理と呼ぶが，広い意味ではこの節の一連の定理を準同型定理と呼ぶ．

$\phi: G\to H$ が群準同型なら，$\mathrm{Ker}(\phi)\lhd G$ で $G/\mathrm{Ker}(\phi)$ に剰余群の構造が入ることを注意しておく．

定理 2.10.1 (準同型定理 (第一同型定理))

$\phi : G \to H$ を群の準同型とする．$\pi : G \to G/\mathrm{Ker}(\phi)$ を自然な準同型とするとき，右図が可換図式となるような準同型 $\psi : G/\mathrm{Ker}(\phi) \to H$ がただ一つ存在し，ψ は $G/\mathrm{Ker}(\phi)$ から $\mathrm{Im}(\phi)$ への同型となる．

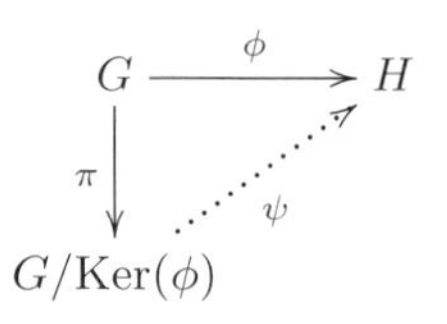

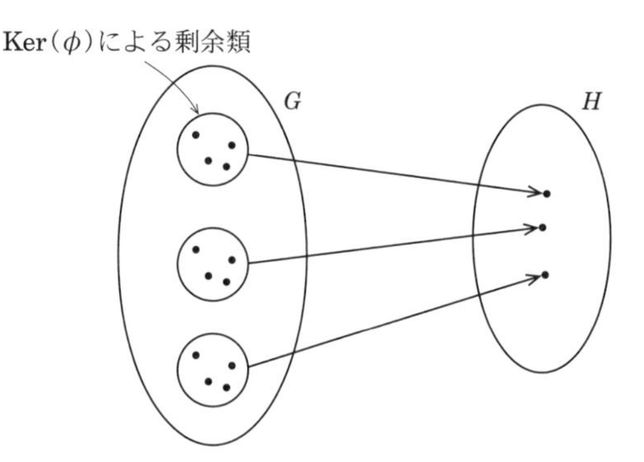

証明　$N = \mathrm{Ker}(\phi)$ とおく．$g \in G$ に対し，$\psi(gN) = \phi(g)$ と定義する．$n \in N$ なら，

$$\phi(gn) = \phi(g)\phi(n) = \phi(g)1_H = \phi(g).$$

となるので，ψ は剰余類 gN の代表元の取りかたによらず定まる．したがって，ψ は G/N から H への well-defined な写像となる．

$g, h \in G$ なら，

$$\psi((gN)(hN)) = \psi(ghN) = \phi(gh) = \phi(g)\phi(h) = \psi(gN)\psi(hN)$$

となるので，ψ は準同型である．$\phi = \psi \circ \pi$ となることは ψ の定義から明らかである．

$\psi(gN) = 1_H$ なら，$\phi(g) = 1_H$ なので，$g \in N$ となり，$gN = N$ は G/N の単位元である．よって，ψ は単射である．$g \in G$ なら，$\phi(g) = \psi(gN)$ なので，$\mathrm{Im}(\phi) \subset \mathrm{Im}(\psi)$ である．G/N の任意の元は gN という形をしているので，$\mathrm{Im}(\psi) \subset \mathrm{Im}(\phi)$ であることもわかる．したがって，$\mathrm{Im}(\psi) = \mathrm{Im}(\phi)$ である．ψ

は単射なので，G/N と $\mathrm{Im}(\psi) = \mathrm{Im}(\phi)$ は ψ によって同型である．

ψ が $\psi \circ \pi = \phi$ という条件を満たせば，$g \in G$ に対し $\psi(gN) = \phi(g)$ と値が定まってしまうので，ψ は一意的である． □

準同型定理と関連して次の定理も重要である．

定理 2.10.2 (**部分群の対応**) N を群 G の正規部分群，$\pi : G \to G/N$ を自然な準同型とする．G/N の部分群の集合を $\mathbb{X}$，G の N を含む部分群の集合を $\mathbb{Y}$ とするとき，写像

$$\phi : \mathbb{X} \ni H \mapsto \pi^{-1}(H) \in \mathbb{Y}, \qquad \psi : \mathbb{Y} \ni K \mapsto \pi(K) \in \mathbb{X}$$

は互いの逆写像である．したがって，集合 $\mathbb{X}, \mathbb{Y}$ は 1 対 1 に対応する．

証明 $H \in \mathbb{X}$ なら，命題 2.5.4 (3) より，$\pi^{-1}(H) \subset G$ は部分群である．$1_{G/N} \in H$ なので，$N = \pi^{-1}(1_{G/N}) \subset \pi^{-1}(H)$ である．したがって，$\pi^{-1}(H) \in \mathbb{Y}$ となり，ϕ は well-defined な写像である．

$K \in \mathbb{Y}$ なら，π は準同型なので，命題 2.5.4 (4) より $\pi(K) \subset G/N$ は部分群である．したがって，$\phi(K) \in \mathbb{X}$ である．

$K \in \mathbb{Y}$ なら，$H = \pi(K)$ とおくと，$K \subset \pi^{-1}(H)$ は明らかである．$g \in \pi^{-1}(H)$ なら，$\pi(g) \in \pi(K)$．よって，$h \in K$ があり，$\pi(g) = \pi(h)$．これは $gN = hN$，つまり $n \in N$ があり，$g = hn$ であることを意味する．$N \subset K$ なので，$g \in K$ である．したがって，$K = \pi^{-1}(H)$ となり，$\phi \circ \psi(K) = K$ である．

$H \in \mathbb{X}$ なら，$\pi(\pi^{-1}(H)) \subset H$ であることは明らかである．$h \in H$ なら，π は全射なので $g \in G$ があり，$\pi(g) = h \in H$ である．これは $g \in \pi^{-1}(H)$ であることを意味する．よって，$h = \pi(g) \in \pi(\pi^{-1}(H))$ である．したがって，$H \subset \pi(\pi^{-1}(H))$ となり，$\psi \circ \phi(H) = \pi(\pi^{-1}(H)) = H$ である．ここで H は G/N の部分集合だが，等式 $\psi \circ \phi(H) = H$ では，H を $\mathbb{X}$ の一つの元とみなしていることに注意せよ[7]． □

7) このような「部分集合を一つの元とみなす」という考え方がもし受け入れられないなら，それは命題 2.5.25 の証明に関する脚注でも述べたことと共通するものがある．

定理 2.10.3 (**第二同型定理**)　H,N を群 G の部分群で $N \lhd G$ とする．このとき，次の (1), (2) が成り立つ．

(1)　HN は G の部分群となる．また $HN = NH$ となる．

(2)　$H \cap N \lhd H$, $\boldsymbol{HN/N \cong H/H \cap N}$ である．

証明　(1)　$1_G \in H,N$ なので，$1_G = 1_G 1_G \in HN$ である．$h_1,h_2 \in H$, $n_1,n_2 \in N$ なら，補題 2.8.10 より，

$$(h_1n_1)(h_2n_2) \in h_1Nh_2N = h_1h_2NN \subset HN$$

となるので，HN は積について閉じている．

$h \in H$, $n \in N$ なら，

$$(hn)^{-1} = n^{-1}h^{-1} \in Nh^{-1} = h^{-1}N \subset HN$$

となるので，HN は逆元についても閉じている．したがって，HN は G の部分群である．

$h \in H$ なら $hN = Nh$ なので，$HN = NH$ である．

(2)　H から HN/N への自然な写像は全射準同型で，その核は $H \cap N$ である．よって $H \cap N \lhd H$ であり，定理 2.10.1 より $H/H \cap N \cong HN/N$ となる．

□

G を群，$H,N \subset G$ を部分群，$N \lhd G$,　$H \cap K = \{1_G\}$ とすると，$HK \subset G$ は部分群で，命題 2.9.2 の証明と同様に，写像 $H \times N \ni (h,n) \mapsto gn \in HN$ は全単射である．HN は必ずしも H,N の直積ではないが，H,N の**半直積**という．$G = HN$ なら，$G = N \rtimes H$ という記号を使う．$G = N \rtimes H$ なら，$G/N \cong H$ である．G が N を正規部分群とする半直積であるためには，準同型 $r : G/N \to G$ で $G/N \to G \to G/N$ が恒等写像となることと同値である．

定理 2.10.4 (**第三同型定理**)　G を群，$N \subset N'$ を G の正規部分群とするとき，次の (1), (2) が成り立つ．

(1)　準同型 $\phi : G/N \to G/N'$ で $\phi(xN) = xN'$ となるものがある．

(2)　$N'/N \lhd G/N$ であり，$\boldsymbol{(G/N)/(N'/N) \cong G/N'}$．

証明　(1) $x \in G$, $y \in N$ なら，$N \subset N'$ なので，$xyN' = xN'$ である．よって，$\phi(xN) = xN'$ とおくと，ϕ は G/N から G/N' への well-defined な写像になる．ϕ が準同型であることは明らかである．

(2) $\mathrm{Ker}(\phi) = N'/N$ なので，$N'/N \lhd G/N$ であり，準同型定理 (定理 2.10.1) より，(2) を得る．□

定理 2.10.4 の準同型 $G/N \to G/N'$ を自然な準同型という．

定理 2.10.5 (準同型の分解)

$\phi : G \to H$ を群の準同型とする．$N \subset G$ が正規部分群なら，$\pi : G \to G/N$ を自然な準同型とするとき，右図が可換図式となるような準同型 $\psi : G/N \to H$ が存在するための必要十分条件は $N \subset \mathrm{Ker}(\phi)$ となることである．

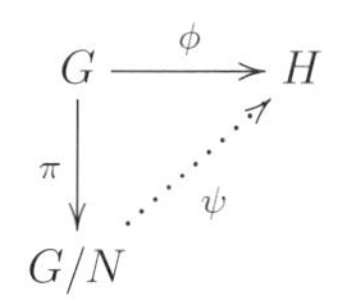

証明　命題の条件を満たす ψ が存在したとする．$\phi = \psi \circ \pi$ なので，$N = \mathrm{Ker}(\pi) \subset \mathrm{Ker}(\phi)$ である．

逆に $N \subset \mathrm{Ker}(\phi)$ とする．$N' = \mathrm{Ker}(\phi)$ とおくと，定理 2.10.4 より，$x \in G$ なら，$f(xN) = xN'$ となる準同型 $f : G/N \to G/N'$ がある．

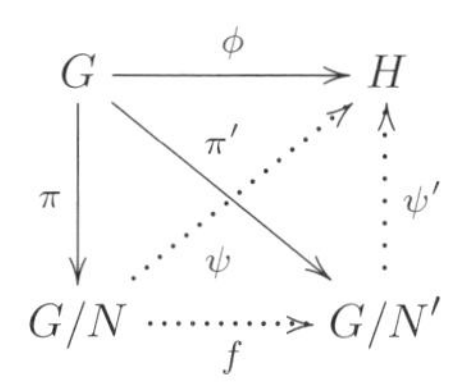

定理 2.10.1 により，準同型 $\psi' : G/\mathrm{Ker}(\phi) \to H$ で，$\pi' : G \to G/\mathrm{Ker}(\phi)$ を自然な準同型とするとき，$\phi = \psi' \circ \pi'$ となるものがある．明らかに $f \circ \pi = \pi'$ なので，$\phi = \psi' \circ f \circ \pi$ である．よって，$\psi = \psi' \circ f$ とおけばよい．□

例 2.10.6 (準同型定理 1)　G を位数 n の巡回群，x を G の生成元とする．$\mathbb{Z}$ から G への写像 ϕ を $\mathbb{Z} \ni m \mapsto x^m \in G$ と定義すると，これは準同型写像になる (例 2.5.6 参照)．x が G の生成元なので，ϕ は全射である．命題 2.4.19, 2.4.20 より $\mathrm{Ker}(\phi) = n\mathbb{Z}$ なので，定理 2.10.1 より $\mathbb{Z}/n\mathbb{Z}$ は G と同型である．

定理 2.10.2 より $\mathbb{Z}/n\mathbb{Z}$ の部分群の集合は $\mathbb{Z}$ の $n\mathbb{Z}$ を含む部分群の集合と1対1に対応する．命題 2.4.18 より $n\mathbb{Z} \subset H \subset \mathbb{Z}$ が部分群なら，$\mathbb{Z} \ni d > 0$ があり，$H = d\mathbb{Z}$ である．$n\mathbb{Z} \subset H$ なので，$n \in d\mathbb{Z}$，つまり n は d の倍数である．逆に n が d の倍数なら，$n\mathbb{Z} \subset d\mathbb{Z}$ となることもやさしい．自然な写像 $\mathbb{Z} \to G$ による H の像は $\langle x^d \rangle$ である．無限位数の巡回群の場合も同様で，**巡回群の任意の部分群も巡回群であることがわかる．** ◇

例 2.10.7 (**準同型定理 2**)　例 2.8.4 で $\phi : \mathrm{GL}_n(\mathbb{R}) \ni g \mapsto \det g \in \mathbb{R}^\times$ が全射準同型で $\mathrm{Ker}(\phi) = \mathrm{SL}_n(\mathbb{R})$ であることを述べた．したがって，準同型定理より，$\mathrm{GL}_n(\mathbb{R})/\mathrm{SL}_n(\mathbb{R}) \cong \mathbb{R}^\times$ である． ◇

例 2.10.8 (**準同型定理 3**)　例 2.8.5 で $\mathrm{sgn} : \mathfrak{S}_n \ni \sigma \mapsto \mathrm{sgn}(\sigma) \in \{\pm 1\}$ が全射準同型で $\mathrm{Ker}(\mathrm{sgn}) = A_n$ であることを述べた．したがって，準同型定理より，$\mathfrak{S}_n/A_n \cong \{\pm 1\} \cong \mathbb{Z}/2\mathbb{Z}$ である． ◇

例 2.10.9 (**準同型定理 4**)　例 2.8.6 の N, B を考える．$\phi : B \to \mathbb{R}^\times \times \mathbb{R}^\times$ を $b \in B$ に二つの対角成分を対応させる写像とする．ϕ は全射準同型，$\mathrm{Ker}(\phi) = N$ なので $B/N \cong \mathbb{R}^\times \times \mathbb{R}^\times$ である． ◇

例 2.10.10 (**準同型定理 5**)　G_1, G_2 を群，$G = G_1 \times G_2$，$i = 1, 2$ に対し $p_i : G \to G_i$ を G_i の成分を対応させる写像とする．p_1, p_2 は全射準同型で，$\mathrm{Ker}(p_1) = G_2$，$\mathrm{Ker}(p_2) = G_1$ である．したがって，$G/G_1 \cong G_2$，$G/G_2 \cong G_1$ である． ◇

例 2.10.11 (**環準同型**)　ここで環準同型の例を一つだけ述べる．$n, m > 0$ は整数で m は n の約数とする．このとき，$n\mathbb{Z} \subset m\mathbb{Z}$ である．すると，定理 2.10.4 より $\mathbb{Z}/n\mathbb{Z}$ から $\mathbb{Z}/m\mathbb{Z}$ への群の準同型 ϕ で，$i \in \mathbb{Z}$ なら $\phi(i + n\mathbb{Z}) = i + m\mathbb{Z}$ となるものがある．$\mathbb{Z}$ から $\mathbb{Z}/m\mathbb{Z}$ への自然な準同型の核が $m\mathbb{Z}$ なので，このことは定理 2.10.5 から従うと考えることもできる．

ϕ が環の準同型であることを示す．$i_1, i_2, j_1, j_2 \in \mathbb{Z}$ で $i_1 \equiv i_2$，$j_1 \equiv j_2 \mod n$ とする．$i_1 = i_2 + na$，$j_1 = j_2 + nb$ $(a, b \in \mathbb{Z})$ と書けるので，

$$i_1 j_1 = (i_2 + na)(j_2 + nb) = i_2 j_2 + n(nab + a j_2 + b i_2) \equiv i_2 j_2 \mod n$$

である．$\mathbb{Z}/n\mathbb{Z}$ において，積は代表元として $\{0, \cdots, n-1\}$ の元をとり，その積

を n で割った余りとして定義したが，これで，任意の代表元をとり，その積の剰余類として積が定義されることがわかった．したがって，$i,j \in \mathbb{Z}$ に対し

$$\begin{aligned}\phi((i+n\mathbb{Z})(j+n\mathbb{Z})) &= \phi(ij+n\mathbb{Z}) = ij+m\mathbb{Z} = (i+m\mathbb{Z})(j+m\mathbb{Z}) \\ &= \phi(i+n\mathbb{Z})\phi(j+n\mathbb{Z})\end{aligned}$$

となり，ϕ は環の準同型である．よって，群の準同型 $(\mathbb{Z}/n\mathbb{Z})^\times \to (\mathbb{Z}/m\mathbb{Z})^\times$ も引き起こされる (命題 2.5.29 参照). ◇

例題 2.10.12　$G = \mathbb{Z}/8\mathbb{Z}\times\mathbb{Z}/24\mathbb{Z}$ の指数 2 の部分群の数を求めよ．

解答　中国式剰余定理より，$G \cong \mathbb{Z}/8\mathbb{Z}\times\mathbb{Z}/8\mathbb{Z}\times\mathbb{Z}/3\mathbb{Z}$ である．G はアーベル群なので，任意の部分群は正規部分群である．H を指数 2 の部分群とする．G/H は位数 2 の群なので，$\mathbb{Z}/2\mathbb{Z}$ と同型である．よって，$g \in G$ なら，$2g \in H$ である．したがって，H は $2G = \{2g \mid g \in G\}$ を含む．定理 2.10.2 より，H は $G/2G$ の部分群と 1 対 1 に対応する．

写像 $\mathbb{Z}/3\mathbb{Z} \ni n+3\mathbb{Z} \mapsto 2n+3\mathbb{Z} \in \mathbb{Z}/3\mathbb{Z}$ は $\overline{0},\overline{1},\overline{2}$ の行き先が $\overline{0},\overline{2},\overline{1}$ なので，全単射である．また，写像 $\mathbb{Z}/2\mathbb{Z} \ni n+2\mathbb{Z} \mapsto 2n+2\mathbb{Z} \in \mathbb{Z}/2\mathbb{Z}$ の像は $\{0+2\mathbb{Z}\}$ である．したがって，$G/2G \cong \mathbb{Z}/2\mathbb{Z}\times\mathbb{Z}/2\mathbb{Z}$ である．$H \subset G$ が $2G$ を含む部分群なら，定理 2.10.4 (2) より $(G/2G)/(H/2G) \cong G/H$ である．よって，$(G:H) = 2$ であることと，$((G/2G):(H/2G)) = 2$ は同値である．

$\mathbb{Z}/2\mathbb{Z}\times\mathbb{Z}/2\mathbb{Z}$ の位数は 4 なので，指数 2 の部分群は位数 2 の部分群と同じことである．H が $\mathbb{Z}/2\mathbb{Z}\times\mathbb{Z}/2\mathbb{Z}$ の位数 2 の部分群なら，単位元以外の元は一つしかなく，それは $\mathbb{Z}/2\mathbb{Z}\times\mathbb{Z}/2\mathbb{Z}$ の位数 2 の元である．逆に位数 2 の元は位数 2 の部分群を生成する．0 以外の元の位数は 2 なので，それは 3 個ある．したがって，G の指数 2 の部分群の個数は 3 である． □

上の例や例題は，定理 2.10.2, 2.10.4 の自明でない応用だった．定理 2.10.1 にも自明でない応用があるが，その応用の可能性を説明するには，4.1 節の置換表現が必要になる．これについては，注 4.1.18 を参照されたい．

2 章の演習問題

2.1.1　$G = \{0,1\}$ とする．$0\cdot 0 = 0$，$0\cdot 1 = 1\cdot 0 = 0$，$1\cdot 1 = 1$ と定義すると，G はこの演算により群にはならないことを証明せよ．

2.1.2　$a,b\in\mathbb{R}$ に対し，$a\circ b=a+b+ab$ ($a+b, ab$ は通常の加法と乗法) と定義する．この演算により $\mathbb{R}$ は群にはならないことを証明せよ．

2.1.3　$\mathfrak{S}_3$ の乗法表を作れ．表だけでよい．

2.1.4　G を群，$a,b,c,d\in G$ とするとき，例題 2.1.8 のようにして，$((ab)c)d=a((bc)d)$ であることを証明せよ．

2.1.5　G を群，$a,b,c,d\in G$ で，$bac^{-1}d=abd$ であるとき，c を他の元で表せ．

2.1.6　$\mathfrak{S}_4$ の元

$$\sigma_1=(1432)=\begin{pmatrix}1&2&3&4\\4&1&2&3\end{pmatrix},\qquad \sigma_2=(13)(24)=\begin{pmatrix}1&2&3&4\\3&4&1&2\end{pmatrix},$$
$$\sigma_3=(234)=\begin{pmatrix}1&2&3&4\\1&3&4&2\end{pmatrix},\qquad \sigma_4=(13)=\begin{pmatrix}1&2&3&4\\3&2&1&4\end{pmatrix}$$

を考える．次の元を求めよ．

(1)　σ_1^{-1}　　(2)　σ_2^{-1}　　(3)　$\sigma_1\sigma_3$　　(4)　$\sigma_2^{-1}\sigma_4$

(5)　$\sigma_3\sigma_1\sigma_3^{-1}$　　(6)　$\sigma_2^{-1}\sigma_4\sigma_2$

2.2.1　環 $\mathbb{Z}/7\mathbb{Z}$ において，次を計算せよ．

(1)　$\overline{4}+\overline{5}$　　(2)　$\overline{2}-\overline{5}$　　(3)　$\overline{4}\times\overline{5}$　　(4)　$\overline{5}^3$

(5)　$\overline{4}^{32}$

2.2.2　環 $\mathbb{Z}/39\mathbb{Z}$ において，次を計算せよ．

(1)　$\overline{34}\times\overline{21}\times\overline{33}$　　(2)　$\overline{25}\times\overline{18}\times\overline{13}$　　(3)　$\overline{16}^8$　　(4)　$\overline{16}^{34}$

2.3.1　G を群，$H\subset G$ を空でない部分集合とするとき，H が部分群であるための必要十分条件は，任意の $x,y\in H$ に対して $x^{-1}y\in H$ であることを証明せよ．

2.3.2　例 2.3.9 の $\mathrm{Sp}(2n)\subset \mathrm{GL}_{2n}(\mathbb{R})$ が部分群であることを証明せよ．

2.3.3　例 2.3.10 の $\mathrm{U}(n)\subset\mathrm{GL}_n(\mathbb{C})$ が部分群であることを証明せよ．

2.3.4　$G=\mathrm{GL}_n(\mathbb{R})$，$B$ を G の元で下三角行列であるもの全体の集合とする．

(1)　B は G の部分群であることを証明せよ．

(2)　B はアーベル群か？

2.3.5　$\mathbb{R}^\times = \mathbb{R}\setminus\{0\}$ を乗法により群とみなす．このとき，正の実数の集合 $\mathbb{R}_{>0}$ は $\mathbb{R}^\times$ の部分群であること証明せよ．

2.3.6　$\mathbb{R}$ を加法により群とみなす．このとき，正の実数の集合 $\mathbb{R}_{>0}$ は $\mathbb{R}$ の部分群ではないことを証明せよ．

2.3.7　$\mathbb{C}^\times$ を通常の乗法により群とみなす．正の整数 n を固定し，$H = \{z \in \mathbb{C}^\times \mid z^n = 1\}$ とおく．H が $\mathbb{C}^\times$ の位数 n の巡回部分群であることを証明せよ．

2.3.8　(1)　$\mathfrak{S}_3$ が巡回群ではないことを証明せよ．

(2)　$\mathbb{Q}$ が加法に関して巡回群ではないことを証明せよ．

(3)　$\mathbb{R}$ が加法に関して巡回群ではないことを証明せよ．

(4)　$\mathbb{Q}^\times$ が乗法に関して巡回群ではないことを証明せよ．

(5)　$\mathbb{Z}\times\mathbb{Z}$ が巡回群ではないことを証明せよ．

2.3.9　(1)　$\mathfrak{S}_n$ は $\sigma_1 = (1\,2), \cdots, \sigma_{n-1} = (n-1\,n)$ によって生成されることを証明せよ．

(2)　$\mathfrak{S}_n$ は $\sigma = (1\,2\cdots n)$ と $\tau = (1\,2)$ によって生成されることを証明せよ．

2.4.1　(1)　36 と -48 の最大公約数と最小公倍数を求めよ．

(2)　35 と 24 は互いに素か？

2.4.2　(1)　395 と 265 の最大公約数 d をユークリッドの互除法を使って求めよ．

(2)　$395x+265y = d$ となる整数 x,y の組を一つみつけよ．

2.4.3　(1)　$\mathbb{Z}/7\mathbb{Z}$ において，$\overline{2},\cdots,\overline{6}$ の乗法に関する逆元を求めよ．

(2)　$\mathbb{Z}/284\mathbb{Z}$ において，$\overline{3}$ の乗法に関する逆元を求めよ．

2.4.4　p が素数で $n > 0$ が整数なら，$|(\mathbb{Z}/p^n\mathbb{Z})^\times| = (p-1)p^{n-1}$ であることを証明せよ．

2.4.5　G を群，$x \in G$ を位数 60 の元とするとき，x^{35} の位数を求めよ．

2.4.6　G を群，$x \in G$ を位数 $d < \infty$ の元とする．n を整数とするとき，x^n の位数を求めよ．

2.4.7　G が次の群であるとき，G を生成する元をすべて求めよ．

(1)　$\mathbb{Z}/5\mathbb{Z}$　　(2)　$\mathbb{Z}/7\mathbb{Z}$　　(3)　$\mathbb{Z}/8\mathbb{Z}$　　(4)　$\mathbb{Z}/9\mathbb{Z}$

(5)　$\mathbb{Z}/15\mathbb{Z}$

2.4.8　群 G のすべての元 g が $g^2 = 1$ となるなら，G はアーベル群であることを証明せよ．

2.4.9　$G = \mathrm{GL}_2(\mathbb{R})$ とし，$g = \begin{pmatrix} 0 & -1 \\ 1 & 0 \end{pmatrix}$，$h = \begin{pmatrix} 1 & 1 \\ -1 & 0 \end{pmatrix}$ とおく．

(1)　g,h の位数を求めよ．

(2)　gh を計算し，gh の位数が無限であることを証明せよ．

2.4.10　G をアーベル群とする．

(1)　$a,b \in G$ の位数が有限なら，ab の位数も有限であることを証明せよ．

(2)　H を G の有限位数の元全体の集合とするとき，H が G の部分群であることを証明せよ．

2.5.1　G,H をそれぞれ元の個数が m,n の巡回群で，x,y をそれぞれの生成元とする．このとき，次の問いに答えよ．

(1)　「$x^{i_1} = x^{i_2}$ であるようなすべての $i_1,i_2 \in \mathbb{Z}$ に対し $y^{i_1} = y^{i_2}$」という性質が成り立つために m,n が満たさなければならない必要十分条件を求めよ．

(2)　(1) の性質を満たす m,n に対しては，すべての $i \in \mathbb{Z}$ に対して $\phi(x^i) = y^i$ となるような準同型写像 $\phi : G \to H$ が存在することを証明せよ．

2.5.2　G をアーベル群とする．$n \in \mathbb{Z}$ とするとき，$g \in G$ に対して g^n を対応させる写像 ϕ_n は準同型写像になることを証明せよ．

2.5.3　(1)　$\phi : G \to H$ が群の準同型，$g \in G$ が有限位数の元なら，$\phi(g)$ の位数は g の位数の約数であることを証明せよ．

(2)　(1) で ϕ が単射なら，$\phi(g)$ の位数は g の位数と等しいことを証明せよ．

2.5.4　$\mathbb{Z}/2\mathbb{Z} \times \mathbb{Z}/2\mathbb{Z}$ と $\mathbb{Z}/4\mathbb{Z}$ は同型でないことを証明せよ．

2.5.5　G を群，$x,y \in G$ とする．$n \in \mathbb{Z}$ なら $(xyx^{-1})^n = xy^n x^{-1}$ であることを証明せよ．

2.5.6　$A = \begin{pmatrix} 1 & 1 \\ 0 & 1 \end{pmatrix}$, $B = \begin{pmatrix} 1 & 0 \\ 1 & 1 \end{pmatrix} \in \mathrm{SL}_2(\mathbb{R}) \subset \mathrm{GL}_2(\mathbb{R})$ とおく．

(1)　A,B は $\mathrm{GL}_2(\mathbb{R})$ では共役であることを証明せよ．

(2)　A,B は $\mathrm{SL}_2(\mathbb{R})$ では共役でないことを証明せよ．

(3)　A,B は $\mathrm{SL}_2(\mathbb{C})$ では共役であることを証明せよ．

2.5.7 G が次の群であるとき，$\mathrm{Aut}\,G$ を群として決定せよ (「群として決定する」というのは，群であることを証明するということではなく，よく知られた群 (例えば巡回群や $\mathfrak{S}_n$) の直積などとして表すことである).

(1) $\mathbb{Z}/5\mathbb{Z}$　(2) $\mathbb{Z}/7\mathbb{Z}$　(3) $\mathbb{Z}/8\mathbb{Z}$　(4) $\mathbb{Z}/9\mathbb{Z}$

(5) $\mathbb{Z}/15\mathbb{Z}$

2.5.8 G を群，$a,b \in G$ とする.

(1) ab と ba は G で共役であることを証明せよ.

(2) ab と ba の位数は等しいことを証明せよ.

2.5.9 $G = \mathfrak{S}_3$ とおく．$\phi : G \ni g \mapsto i_g \in \mathrm{Aut}\,G$ を命題 2.5.25 で定義された準同型とする．ϕ が同型写像であることを証明せよ.

2.5.10☆ $G = \mathrm{SL}_2(\mathbb{R})$ とし，G の部分群 U, L をそれぞれ

$$U = \left\{ \begin{pmatrix} 1 & x \\ 0 & 1 \end{pmatrix} \middle| \, x \in \mathbb{R} \right\}, \quad L = \left\{ \begin{pmatrix} 1 & 0 \\ x & 1 \end{pmatrix} \middle| \, x \in \mathbb{R} \right\}$$

で定める.

(1) G は群として U と L で生成されることを示せ.

(2) $H = \mathbb{R}^{\times}$ を通常の積による群とする．$\phi : G \to H$ は準同型で $\phi(g)$ は g の成分の多項式であるとする．このとき，すべての $g \in G$ に対して $\phi(g) = 1$ であることを証明せよ.

2.6.1 $R = \{(x,x) \mid x \in \mathbb{R}\} \cup \{(x,2x) \mid x \in \mathbb{R}\} \cup \{(2x,x) \mid x \in \mathbb{R}\} \subset \mathbb{R} \times \mathbb{R}$ とすると，R は $\mathbb{R}$ 上の同値関係になるか？

2.6.2 G を群とする．$a,b \in G$ が共役であるとき $a \sim b$ と定義すると，$\sim$ は G 上の同値関係であることを証明せよ.

2.6.3 位数 3 の群は位数 5 の群の部分群にはならないことを証明せよ.

2.6.4 G が群，H,K は G の有限部分群で $|H|,|K|$ は互いに素とする．このとき，$H \cap K = \{1_G\}$ であることを証明せよ.

2.7.1 $G = \mathfrak{S}_4$，$H = \mathfrak{S}_3$ とし，H の元を $4 \in \{1,2,3,4\}$ を不変にする G の元とみなす．この同一視により，H は G の部分群となる．両側剰余類 $H \backslash G / H$ の完全代表系を一つ求めよ.

2.7.2☆　$G = \mathrm{GL}_3(\mathbb{R})$ とし，P を

$$\begin{pmatrix} a_{11} & a_{12} & 0 \\ a_{21} & a_{22} & 0 \\ b_1 & b_2 & c \end{pmatrix} \quad ただし\ \det\begin{pmatrix} a_{11} & a_{12} \\ a_{21} & a_{22} \end{pmatrix},\ c \neq 0$$

という形をした元全体よりなる部分群とする．

$$w_1 = I_3, \quad w_2 = \begin{pmatrix} 0 & 0 & 1 \\ 1 & 0 & 0 \\ 0 & 1 & 0 \end{pmatrix}.$$

とするとき，$\{w_1, w_2\}$ は $P\backslash G/P$ の完全代表系となることを証明せよ．

2.7.3 ($\mathbf{GL}_{\boldsymbol{n}}(\mathbb{R})$ のブリューア分解)☆　$G = \mathrm{GL}_n(\mathbb{R})$，$B$ を G の元で下三角行列であるもの全体よりなる部分群とする．

(1)　$g = (g_{ij}) \in \mathrm{GL}_n(\mathbb{R})$ とする．$g_{in} \neq 0$ である最小の i を i_n とするとき，$b_1, b_2 \in B$ が存在し，$h = b_1 g b_2 = (h_{ij})$ が $h_{in} = 0$ $(i \neq i_n)$，$h_{i_n j} = 0$ $(j \neq n)$ という条件を満たすことを証明せよ．

(2)　$g = (g_{ij}) \in \mathrm{GL}_n(\mathbb{R})$ に対し，$b_1, b_2 \in B$ が存在し，$b_1 g b_2$ が置換行列になることを証明せよ．

(3)　$\sigma, \tau \in \mathfrak{S}_n$ で P_σ, P_τ を対応する置換行列とする (例 2.5.10 参照)．$b_1, b_2 \in B$ が存在して $b_1 P_\sigma b_2 = P_\tau$ なら，$\sigma(n) = \tau(n)$ であることを証明せよ．

(4)　$b_1, b_2 \in B$ が (3) の条件を満たすなら，$b_1 = (b_{1,ij})$ とするとき，$b_{1,i\sigma(n)} = 0$ $(i \neq \sigma(n))$ であることを証明せよ．また，ν を置換

$$\begin{pmatrix} \sigma(n) & \sigma(n)+1 & \sigma(n)+2 & \cdots & n \\ n & \sigma(n) & \sigma(n)+1 & \cdots & n-1 \end{pmatrix}$$

とするとき，$P_\nu b_1 P_\nu^{-1} \in B$ であることを証明せよ．

(5)　$b_1, b_2 \in B$ が (3) の条件を満たすなら，$\sigma = \tau$ であることを証明せよ．

2.8.1　次の群 G の部分群 H が正規部分群であるかどうか判定せよ．

(1)　$H = \mathfrak{S}_3 \subset G = \mathfrak{S}_4$ (H は演習問題 2.7.1 のもの)．

(2)　$H = \mathrm{SO}(2) \subset G = \mathrm{GL}_2(\mathbb{R})$．

(3)　$H = \mathrm{GL}_2(\mathbb{R}) \subset G = \mathrm{GL}_2(\mathbb{C})$．

(4)　$H = \{1, (12)(34), (13)(24), (14)(23)\} \subset G = \mathfrak{S}_4$ (演習問題 2.3.9 参照)．

(5)　G は $\mathrm{GL}_2(\mathbb{R})$ の元で下三角行列であるもの全体よりなる群，H は G の元で対角成分が等しい元よりなる部分群．

2.8.2　H を群 G の指数 2 の部分群とする．このとき，H は G の正規部分群であることを証明せよ．

2.8.3　N_1, N_2 が群 G の正規部分群なら，N_1N_2 ((2.6.14) 参照) も G の正規部分群であることを証明せよ．

2.8.4　$\mathfrak{S}_3$ の部分群をすべて求めよ．そのなかで正規部分群はどれか？

2.8.5　四元数群 (例 2.3.11) の部分群をすべて求めよ．そのなかで正規部分群はどれか？

2.9.1　次の群を位数が素数べきの巡回群の直積で表せ．

(1)　$\mathbb{Z}/15\mathbb{Z}$　　(2)　$\mathbb{Z}/28\mathbb{Z}$　　(3)　$\mathbb{Z}/60\mathbb{Z}$　　(4)　$\mathbb{Z}/1400\mathbb{Z}$

2.9.2　G_1, G_2 は有限群，$n_1 = |G_1|$，$n_2 = |G_2|$ は互いに素とする．$\phi : G_1 \times G_2 \to G_1 \times G_2$ が準同型なら，準同型 $\phi_1 : G_1 \to G_1$，$\phi_2 : G_2 \to G_2$ があり，任意の $(g_1, g_2) \in G_1 \times G_2$ に対して $\phi(g_1, g_2) = (\phi_1(g_1), \phi_2(g_2))$ であることを証明せよ．

2.9.3 (1)　8 で割った余りが 5 で，15 で割った余りが 2 である整数を一つみつけよ．

(2)　35 で割った余りが 4 で，24 で割った余りが 5 である整数を一つみつけよ．

2.10.1　$G = \mathbb{C}^\times$ を通常の乗法による群，$H_1 = \mathbb{C}^1 \stackrel{\text{def}}{=} \{z \in \mathbb{C} \mid |z| = 1\}$，$H_2 = \{x \in \mathbb{R} \mid x > 0\}$ とおく．G/H_1, G/H_2 を準同型定理を使い記述せよ．

2.10.2　$\mathbb{R}$ を通常の加法による群とする．$a \neq 0$ を任意の実数とするとき，$\mathbb{R}/\mathbb{Z}$ と $\mathbb{R}/a\mathbb{Z}$ が同型であることを準同型定理を使い証明せよ．

2.10.3　G, H を演習問題 2.8.1 (5) で定義したものとする．G/H が $\mathbb{R}^\times$ と同型であることを準同型定理を使い証明せよ．

2.10.4　G をアーベル群，$n > 0$ を整数とする．G の演算は $+$ であるとし，$nG = \{nx \mid x \in G\}$ とおく．H が G の指数 n の部分群なら，H は nG を含むことを証明せよ．

2.10.5　$G = \mathbb{Z}^2$ とする．

(1)　G の指数 2 の部分群の数を求めよ．

(2) G の指数 13 の部分群の数を求めよ．

2.10.6　$G = \mathbb{Z}/45\mathbb{Z} \times \mathbb{Z}/24\mathbb{Z} \times \mathbb{Z}/14\mathbb{Z}$ の指数 2 の部分群の数を求めよ．

2.10.7　G を群，$N \subset G$ を正規部分群，$N \subset H \subset G$ を部分群とする．$(G : H) = ((G/N) : (H/N))$ であることを証明せよ．

2.10.8$^{☆}$　(1) $\mathbb{Z}/12\mathbb{Z}$ の部分群をすべて求めよ．

(2) $\mathbb{Z}/18\mathbb{Z}$ の部分群をすべて求めよ．

2.10.9 (位数 6 の群の分類)$^{☆}$　G を位数が 6 の群とする．

(1) G に位数 3 の元が存在することを証明せよ．

(2) $x \in G$ を位数 3 の元，$H = \langle x \rangle$ とおく．G/H を考えることにより G に位数 2 の元が存在することを証明せよ．

(3) G が可換なら，G は $\mathbb{Z}/6\mathbb{Z}$ に同型であることを証明せよ．

(4) G が可換でないなら，G には位数 2 の元がちょうど 3 個あり，すべて共役であることを証明せよ．

(5) (4) の状況で x_1,x_2,x_3 を位数 2 の元とするとき，$g \in G$ に対し $gx_ig^{-1} = x_{\rho(g)(i)}$ $(i = 1,2,3)$ とおくと，$\rho(g) \in \mathfrak{S}_3$ であり，この ρ により G は $\mathfrak{S}_3$ と同型であることを証明せよ．

第3章
群を学ぶ理由

この章では，群論を学ぶ動機について解説する．群論のような抽象的な分野を学び続けるのは，特にそれがどのような分野につながっていくのか見えないと困難が伴う．もう少し発展的な話題である，群の作用について解説する前に読者の群論への興味を保つ助けになるかもしれないようないくつかの話題について考察する．3.1 節では，3, 4 次方程式の解法とよく知られたカルダノとタルタリアの論争について解説する．3.2 節ではガロア理論を含む，群論の先に何があるかということについて述べる．3.3 節では群のどのような性質について考察していくかということについて解説する．

3.1　3 次方程式と 4 次方程式の解法

この節では，3 次方程式と 4 次方程式のべき根による解法について解説する．解説を始める前に，用語について注意しておく．$f(x)$ が 1 変数の多項式のとき，$f(\alpha)=0$ となる α はこの方程式の**解**という．また，α のことを多項式 $f(x)$ の**根**ともいう．すなわち，単独の 1 変数多項式の場合，「$\boldsymbol{f(x)=0}$ **の解**」，「$\boldsymbol{f(x)}$ **の根**」という．なお，解という用語は，単独の方程式以外にも $x^2+y^2=2$，$x^3+y^3=2$ といった連立方程式を満たす x,y の組に対しても使われる．しかし，根という用語はおもに単独の 1 変数多項式に対して使われる．

では，3 次方程式の解説から始める．簡単のために $\mathbb{C}$ 上で考える．$\alpha_1,\alpha_2,\alpha_3$ を変数とし，

$$\boldsymbol{f(x)=(x-\alpha_1)(x-\alpha_2)(x-\alpha_3)=x^3+a_1x^2+a_2x+a_3}$$

とおく．簡単な計算により，

$$\boldsymbol{a_1 = -(\alpha_1+\alpha_2+\alpha_3),}$$
$$\boldsymbol{a_2 = \alpha_1\alpha_2+\alpha_1\alpha_3+\alpha_2\alpha_3,}$$
$$\boldsymbol{a_3 = -\alpha_1\alpha_2\alpha_3}$$

である．$\alpha_1,\alpha_2,\alpha_3$ を a_1,a_2,a_3 とべき根を使って表すのが目的である．

$\omega=(-1+\sqrt{-3})/2$ とおくと，$\omega^2=(-1-\sqrt{-3})/2$，$\omega^3=1$ である．$\omega\neq 1$ なので，$\omega^2+\omega+1=0$ である．

$$\begin{aligned} U &= \alpha_1+\omega\alpha_2+\omega^2\alpha_3, \\ V &= \alpha_1+\omega^2\alpha_2+\omega\alpha_3, \\ -a_1 &= \alpha_1+\alpha_2+\alpha_3 \end{aligned}$$

とおく．これは行列を使って書くと，

$$\begin{pmatrix} U \\ V \\ -a_1 \end{pmatrix} = \begin{pmatrix} 1 & \omega & \omega^2 \\ 1 & \omega^2 & \omega \\ 1 & 1 & 1 \end{pmatrix} \begin{pmatrix} \alpha_1 \\ \alpha_2 \\ \alpha_3 \end{pmatrix}$$

となる．

この行列の行列式はファンデルモンドの行列式とよばれるもので，0 ではないことが知られている．したがって，この行列は正則行列だが，その逆行列を行変形によって求めることも容易である．結果だけ書くと，

$$\begin{pmatrix} \alpha_1 \\ \alpha_2 \\ \alpha_3 \end{pmatrix} = \frac{1}{3} \begin{pmatrix} 1 & 1 & 1 \\ \omega^2 & \omega & 1 \\ \omega & \omega^2 & 1 \end{pmatrix} \begin{pmatrix} U \\ V \\ -a_1 \end{pmatrix} \tag{3.1.1}$$

となる．

U^3+V^3,U^3V^3 が a_1,a_2,a_3 の多項式になることを示す．

補題 3.1.2　$\boldsymbol{A = 9a_1a_2-2a_1^3-27a_3}$，$\boldsymbol{B = a_1^2-3a_2}$ とおくと，

$$\boldsymbol{U^3+V^3 = A, \quad U^3V^3 = B^3.}$$

証明　$\omega^2+\omega+1=0$ であることを使うと，

$$\begin{aligned} U^3+V^3 &= (U+V)(U+\omega V)(U+\omega^2 V) \\ &= (2\alpha_1+(\omega+\omega^2)\alpha_2+(\omega+\omega^2)\alpha_3) \\ &\quad \times((1+\omega)\alpha_1+(1+\omega)\alpha_2+2\omega^2\alpha_3) \\ &\quad \times((1+\omega^2)\alpha_1+2\omega\alpha_2+(1+\omega^2)\alpha_3) \end{aligned}$$

$$\begin{aligned} &= \omega^2 \cdot \omega(2\alpha_1 - \alpha_2 - \alpha_3)(2\alpha_2 - \alpha_1 - \alpha_3)(2\alpha_3 - \alpha_1 - \alpha_2) \\ &= (3\alpha_1 + a_1)(3\alpha_2 + a_1)(3\alpha_3 + a_1) \\ &= -27f\left(-\frac{a_1}{3}\right) = 9a_1a_2 - 2a_1^3 - 27a_3 = A. \end{aligned}$$

また，

$$\begin{aligned} UV &= \alpha_1^2 + \alpha_2^2 + \alpha_3^2 + (\omega + \omega^2)\alpha_1\alpha_2 + (\omega + \omega^2)\alpha_1\alpha_3 + (\omega + \omega^2)\alpha_2\alpha_3 \\ &= \alpha_1^2 + \alpha_2^2 + \alpha_3^2 - \alpha_1\alpha_2 - \alpha_1\alpha_3 - \alpha_2\alpha_3 \\ &= (\alpha_1 + \alpha_2 + \alpha_3)^2 - 3(\alpha_1\alpha_2 + \alpha_1\alpha_3 + \alpha_2\alpha_3) = a_1^2 - 3a_2. \end{aligned}$$

したがって，$U^3V^3 = B^3$ である． □

補題 3.1.2 より U^3, V^3 は 2 次方程式

$$t^2 - At + B^3 = 0 \tag{3.1.3}$$

の解である．したがって，

$$U^3, V^3 = \frac{A \pm \sqrt{A^2 - 4B^3}}{2}$$

となる．方程式 (3.1.3) を 3 次方程式 $f(x) = 0$ の**分解方程式**という．

$\mathbb{R}$ では正の数という概念があるので，正の平方根 (例えば $\sqrt{2}$) というものが一意的に定まるが，$A^2 - 4B^3$ は一般に複素数なので，$\sqrt{A^2 - 4B^3}$ は 2 乗が $A^2 - 4B^3$ になる元と解釈する．よって，$\sqrt{A^2 - 4B^3}$ には二通りの選択肢がある．だから，

$$U^3 = \frac{A + \sqrt{A^2 - 4B^3}}{2}, \quad V^3 = \frac{A - \sqrt{A^2 - 4B^3}}{2} \tag{3.1.4}$$

としてかまわない．

なお，

$$\begin{aligned} A^2 - 4B^3 &= (U^3 + V^3)^2 - 4U^3V^3 = (U^3 - V^3)^2 \\ &= (U - V)^2(U - \omega V)^2(U - \omega^2 V)^2 \end{aligned}$$

だが，

$$\begin{aligned} U - V &= (\omega - \omega^2)(\alpha_2 - \alpha_3), \\ U - \omega V &= (1 - \omega)(\alpha_1 - \alpha_2), \\ U - \omega^2 V &= (1 - \omega^2)(\alpha_1 - \alpha_3) \end{aligned}$$

であり，$\omega - \omega^2 = \sqrt{-3}$，$1 - \omega = (3 - \sqrt{-3})/2$，$1 - \omega^2 = (3 + \sqrt{-3})/2$．よって，

$$A^2 - 4B^3 = -27(\alpha_1 - \alpha_2)^2(\alpha_1 - \alpha_3)^2(\alpha_2 - \alpha_3)^2.$$

定義 3.1.5　$D=(\alpha_1-\alpha_2)^2(\alpha_1-\alpha_3)^2(\alpha_2-\alpha_3)^2$ を $f(x)$ の**判別式**という．　◇

(3.1.1), (3.1.4) により $f(x)$ の根がべき根により求まったが，α_1 だけ明示的に書くと，

$$\boldsymbol{\alpha_1=\frac{1}{3}\left(\sqrt[3]{\frac{A+\sqrt{A^2-4B^3}}{2}}+\sqrt[3]{\frac{A-\sqrt{A^2-4B^3}}{2}}-a_1\right)}.$$

なお，$UV=B$ なので，上の二つの3乗根は積が B となるように選ぶ．

最初に $x\to x-\dfrac{a_1}{3}$ という変数変換をすることにより，$a_1=0$ である方程式に変形することができる．その場合は公式がいくぶん簡単になり，

$$A=-27a_3,\qquad B=-3a_2,\qquad D=-(27a_3^2+4a_2^3)$$

となる．

例 3.1.6　(1)　$x^3-6x+9=0$ の解は，$A^2-4B^3=3^6\cdot7^2$ なので，

$$\alpha_1=\frac{1}{3}\left(\sqrt[3]{\frac{-243+189}{2}}+\sqrt[3]{\frac{-243-189}{2}}\right)=\frac{1}{3}\left(\sqrt[3]{-27}+\sqrt[3]{-216}\right)$$
$$=-1-2=-3$$

である．同様に

$$\alpha_2=-\omega-2\omega^2=\frac{3+\sqrt{-3}}{2},\qquad \alpha_3=-\omega^2-2\omega=\frac{3-\sqrt{-3}}{2}.$$

(2)　$x^3-x^2-2x+2=(x-1)(x^2-2)=0$ の解は $x=1,\pm\sqrt{2}$ である．この場合に公式を適用すると，$A=-34$, $B=7$, $A^2-4B^3=-216=-8\cdot27$ となるので，

$$\alpha_1=\frac{1}{3}\left(\sqrt[3]{-17+3\sqrt{-6}}+\sqrt[3]{-17-3\sqrt{-6}}+1\right)$$

となる．なお，$(1\mp\sqrt{-6})^3=-17\pm3\sqrt{\ 6}$ なので，上の二つの3乗根を $1\mp\sqrt{-6}$ ととればその積は $7=B$ である．よって，

$$\alpha_1=\frac{1}{3}(1-\sqrt{-6}+1+\sqrt{-6}+1)=1$$

となる．このように明らかな解がある場合でも，公式に当てはめるとその解が明らかな形では現れないこともある．なお，他の二つの解が $\pm\sqrt{2}$ であることも公式から導くことができる (詳細は省略)．　◇

次に4次方程式を考える．

$$(3.1.7)\quad \begin{aligned} \boldsymbol{f(x)} &= \boldsymbol{(x-\alpha_1)(x-\alpha_2)(x-\alpha_3)(x-\alpha_4)} \\ &= \boldsymbol{x^4+a_1x^3+a_2x^2+a_3x+a_4} \end{aligned}$$

とおく．3 次方程式の場合と同様に

$$\boldsymbol{a_1 = -\sum_i \alpha_i}, \qquad \boldsymbol{a_2 = \sum_{i<j} \alpha_i\alpha_j},$$

$$\boldsymbol{a_3 = -\sum_{i<j<k} \alpha_i\alpha_j\alpha_k}, \qquad \boldsymbol{a_4 = \alpha_1\alpha_2\alpha_3\alpha_4}$$

となる．

$$\boldsymbol{\tau_1 = \alpha_1\alpha_2+\alpha_3\alpha_4}, \quad \boldsymbol{\tau_2 = \alpha_1\alpha_3+\alpha_2\alpha_4}, \quad \boldsymbol{\tau_3 = \alpha_1\alpha_4+\alpha_2\alpha_3}$$

として $g(x)=(x-\tau_1)(x-\tau_2)(x-\tau_3)$ とおく．

命題 3.1.8 $g(x)=x^3+b_1x^2+b_2x+b_3$ と表すと，

$$\boldsymbol{b_1 = -a_2}, \quad \boldsymbol{b_2 = a_1a_3-4a_4}, \quad \boldsymbol{b_3 = -a_4(a_1^2-4a_2)-a_3^2}.$$

証明 $-b_1=\tau_1+\tau_2+\tau_3=\sum_{i<j}\alpha_i\alpha_j=a_2$ は明らかである．b_2,b_3 は

$$\begin{aligned} b_2 &= \tau_1\tau_2+\tau_1\tau_3+\tau_2\tau_3 = \sum_{\substack{i<j \\ k\neq i,j}} \alpha_i\alpha_j\alpha_k^2 \\ &= \left(\sum_{i<j<k}\alpha_i\alpha_j\alpha_k\right)\left(\sum_l \alpha_l\right)-4\alpha_1\alpha_2\alpha_3\alpha_4 \\ &= a_1a_3-4a_4, \\ -b_3 &= \tau_1\tau_2\tau_3 = \left(\sum_i \alpha_i^2\right)\alpha_1\alpha_2\alpha_3\alpha_4+\sum_{i<j<k}\alpha_i^2\alpha_j^2\alpha_k^2 \\ &= a_4(a_1^2-2a_2)+a_3^2-2a_2a_4 = a_4(a_1^2-4a_2)+a_3^2 \end{aligned}$$

となる． □

方程式 $g(y)=0$ のことを 4 次方程式 $f(x)=0$ の **3 次の分解方程式**という．3 次方程式の解をべき根を使って表せることはわかっているので，τ_1,τ_2,τ_3 はべき根を使って表すことができる．なお，次の補題が成り立つ．

補題 3.1.9 上の状況で

$$\prod_{i<j}(\tau_i-\tau_j)^2 = \prod_{i<j}(\alpha_i-\alpha_j)^2$$

である．したがって，$\alpha_1,\cdots,\alpha_4$ がすべて相異なれば，τ_1,τ_2,τ_3 もすべて相異

なる.

証明 計算により

$$\tau_1-\tau_2=(\alpha_1-\alpha_4)(\alpha_2-\alpha_3),$$
$$\tau_1-\tau_3=(\alpha_1-\alpha_3)(\alpha_2-\alpha_4),$$
$$\tau_2-\tau_3=(\alpha_1-\alpha_2)(\alpha_3-\alpha_4)$$

となり,補題が従う. □

変数変換 $x \to x-\dfrac{a_1}{4}$ により $a_1=0$ とできるので,**以下の議論では $a_1=0$ と仮定する**.この仮定のもとでは

$$\boldsymbol{b_1=-a_2,\quad b_2=-4a_4,\quad b_3=4a_2a_4-a_3^2}$$

である.

$\alpha_1+\alpha_2=t$, $\alpha_3+\alpha_4=s$ とおくと,$t+s=-a_1=0$ である.

$$ts=\alpha_1\alpha_3+\alpha_2\alpha_4+\alpha_1\alpha_4+\alpha_2\alpha_3=\tau_2+\tau_3$$

なので,t,s は2次方程式 $x^2+(\tau_2+\tau_3)=0$ の解である.よって,

$$\alpha_1+\alpha_2=\sqrt{-(\tau_2+\tau_3)},\quad \alpha_3+\alpha_4=-\sqrt{-(\tau_2+\tau_3)} \tag{3.1.10}$$

としてよい.同様にして,

$$\begin{aligned}\alpha_1+\alpha_3&=\sqrt{-(\tau_1+\tau_3)},\quad \alpha_2+\alpha_4=-\sqrt{-(\tau_1+\tau_3)},\\ \alpha_1+\alpha_4&=\sqrt{-(\tau_1+\tau_2)},\quad \alpha_2+\alpha_3=-\sqrt{-(\tau_1+\tau_2)}\end{aligned} \tag{3.1.11}$$

としてよい.これらと等式 $\alpha_1+\cdots+\alpha_4=-a_1=0$ より,

$$\boldsymbol{\alpha_1=\frac{1}{2}\left(\sqrt{-(\tau_2+\tau_3)}+\sqrt{-(\tau_1+\tau_3)}+\sqrt{-(\tau_1+\tau_2)}\right)},$$
$$\boldsymbol{\alpha_2=\frac{1}{2}\left(\sqrt{-(\tau_2+\tau_3)}-\sqrt{-(\tau_1+\tau_3)}-\sqrt{-(\tau_1+\tau_2)}\right)},$$
$$\boldsymbol{\alpha_3=\frac{1}{2}\left(-\sqrt{-(\tau_2+\tau_3)}+\sqrt{-(\tau_1+\tau_3)}-\sqrt{-(\tau_1+\tau_2)}\right)},$$
$$\boldsymbol{\alpha_4=\frac{1}{2}\left(-\sqrt{-(\tau_2+\tau_3)}-\sqrt{-(\tau_1+\tau_3)}+\sqrt{-(\tau_1+\tau_2)}\right)}$$

となる.これで4次方程式の解がべき根で記述できた.

3, 4次方程式の歴史に関してはさまざまな文献がある.ここでは,[18, Chapter 9],[2] に従って解説する.

2次方程式の解法は古くから知られていた.3, 4次方程式のべき根による解

法は，デル・フェロ (del Ferro)，タルタリア (Tartaglia)，カルダノ (Cardano)，フェラリ (Ferrari) により，16 世紀にみつけられた．3 次方程式の解法に関してカルダノとタルタリアの間で激しい争いがあったことは有名である．

16 世紀のイタリアでは，大学のポストはまれで，また任期があった．ポストの更新には，大学理事の好意的な評価が必要だった．大学教員は更新時期になると，潜在的な競争相手に公開の挑戦をした．数学の場合，双方が問題を持ち寄って，互いの同意のもと一定の期間の後，解答を持ち寄った．このような状況では，数学上の発見は公開されることは少なかった．

3 次方程式のべき根による解法を最初にみつけたのはデル・フェロであるといわれている．彼は $x^3+ax=b$ という形の 3 次方程式を考察した．現代の観点からは，すべての 3 次方程式をこの形に変換することができるが，当時は負の数は受け入れられていなかったので，他の形の 3 次方程式もあった．デル・フェロはこの公式を発表することなく亡くなったが，公式は弟子にたくしていた．その一人フィオルはこの公式を使って公開討論会に勝ち続けていた．3 次方程式に解法があるという噂をもとにタルタリアは独力で 3 次方程式の解法を発見し，フィオルとの勝負でも勝利した．

カルダノはタルタリアと接触して，最終的には解法を公開しないという約束のもとに，タルタリアから 3 次方程式の解の公式を教えてもらった．彼は弟子のフェラーリとともに解法の過程を構成することに成功し，4 次方程式の解法も発見した．彼は著書を出版することを考えていたが，タルタリアとの約束でそれができずにいた．ところが，彼がデル・フェロの養子のナーヴェに会い，デル・フェロの遺稿を見せてもらい状況が変化した．

その時点でタルタリアが 3 次方程式の解法の最初の発見者でないと判断したカルダノは，タルタリアとの約束は守る必要がないと判断し，著書『アルス・マグナ (Ars Magna)』を発表した．これは当然タルタリアを激怒させたが，カルダノは著書のなかで，3 次方程式の解法はデル・フェロがみつけたものであり，また，タルタリアも独立に解法を発見していて，カルダノはタルタリアから解の公式を教わったことを書いている．しかし，タルタリアとの約束のことは書いていない．

カルダノは恥ずべきことはなかっただろうか？　カルダノのとった行動を現代的な価値観で判断することは難しい．ただ，この公式が『カルダノの公式』

として世の中に流布したのは，ある意味では間違ったことである．このせいでカルダノは悪者として扱われることも多い．タルタリアとフェラーリの間では長く不快なやり取りがあった．1528年にはミラノで公開の討論会が行われ，その第1回の後タルタリアは討論会を放棄し，それによりフェラーリは名声を手に入れた．

なお，タルタリアというのは『どもる人』という意味のあだ名であり，本当の名はフォンタナという．かれは子供の頃，フランス軍による襲撃をうけ，その負傷の後遺症でどもるようになった．後には彼自身『タルタリア』を名乗るようになった．

3.2　なぜ群を学ぶか

2章では，群の基本について解説し，4章ではもう少し進んだトピックである群の作用について解説する．しかし，抽象的な概念を何に通じるのかわからずに学び続けるのは大きな努力が必要となる．ここでは，群論を学ぶ動機について解説する．

群を学ぶ理由は少なくとも二つある．その一つは何といっても，群の概念が生まれたきっかけの方程式論である．前節で3, 4次方程式の解法とその歴史について述べたが，その後5次方程式についてもべき根による解法をみつけようとする努力がなされたことはいうまでもない．

しかし，一般には5次方程式をべき根で解く公式はないことが後で証明されることになる．これを最初に証明したのはアーベル (Abel) であった．人によっては，ルフィニ (Ruffini) も証明を発見していたというが，高木貞治はそれが妥当な評価ではないということを著書『近世数学史談』[3] の中で述べている．アーベルの証明はすぐには受け入れられなかったが，その理由の一つは，証明の中で群や体の概念を用いていて，それが当時の数学者たちによほどわかりにくかったからだと思われる．

少し後には，ガロア (Galois) が方程式がべき根で解けるための必要十分条件を，現在「ガロア理論」とよばれるものを使って発見し，それにより，5次方程式がべき根で解けないことの別証明を与えた．アーベルの証明はそれ自身興味深いものだが，現在では，5次方程式をべき根で解くことができないことは，ガロア理論を使って証明するのが一般的である.

ガロア理論は大学の学部の代数の授業の最後に解説されるのが普通である. しかし, 群論をこれからさらに学ぶにあたり, 最終的に群論がどのようにガロア理論の中で使われるのかを知ることは, 群論を学ぶ大きな動機づけになると思う. そのため, ここでガロア理論の概略を述べる. なお, 本書ではこの理論はII–4章で学ぶ.

まず, 方程式がべき根で解けるとはいったいどういうことなのだろう? 例えば, 2次方程式なら, $x^2+ax+b=0$ という方程式の解が

$$x = \frac{-a \pm \sqrt{a^2-4b}}{2}$$

であることは読者はご存知だろう. 前節で解説したように, 3次方程式 $x^3+ax^2+bx+c=0$ の解法では, 解は二つの

$$\sqrt[3]{(a,b,c \text{ の多項式}) + \sqrt{a,b,c \text{ の多項式}}}$$

という形をした式の和で表された. このような式で表されるということをどのように定式化したらよいのだろう?

そのために導入されたのが, **体**という概念である. 体の概念は定義2.2.5の後で定義したが, 要するに加減乗除が定義された集合のことである. 割り算も許すため, 多項式よりもう少し一般に, a,b (3次方程式なら a,b,c) の有理式全体の集合 K を基準に考えよう. 2次方程式の場合, K に $\sqrt{a^2-4b}$ という元を付け加えた集合 $L = K(\sqrt{a^2-4b}) = \{A+B\sqrt{a^2-4b} \mid A,B \in K\}$ を考えると, 解は L の元になる. 実は L で割り算もできることがわかり, L も体になるのだが, それはII–3章 (命題II–3.1.21) で解説する.

3次方程式の場合, いったん K に $\sqrt{A}$ $(A \in K)$ という形の元を付け加えた体 M を考え, さらに, $\sqrt[3]{B}$ $(B \in M)$ という形の元を付け加えた体 L を考えると, 解は L の元になる.

この考え方を一般化すると, $f(x) = x^n + a_1x^{n-1} + \cdots + a_n = 0$ を $a_1,\cdots,a_n$ を変数とする方程式とし, $K = \mathbb{C}(a_1,\cdots,a_n)$ を $a_1,\cdots,a_n$ を変数とする有理関数全体の集合とする. 0でない有理関数の逆元も有理関数なので, K は体である. $\alpha_1,\cdots,\alpha_n$ を $f(x)$ のすべての根とし, $L = K(\alpha_1,\cdots,\alpha_n)$ を K に $\alpha_1,\cdots,\alpha_n$ を付け加えた体とする. 次ページの図のように $M_0 = K$ から始まり, $M_1,\cdots,M_n = L$ と続く体の列で L が K のガロア拡大であるものがあり, M_i

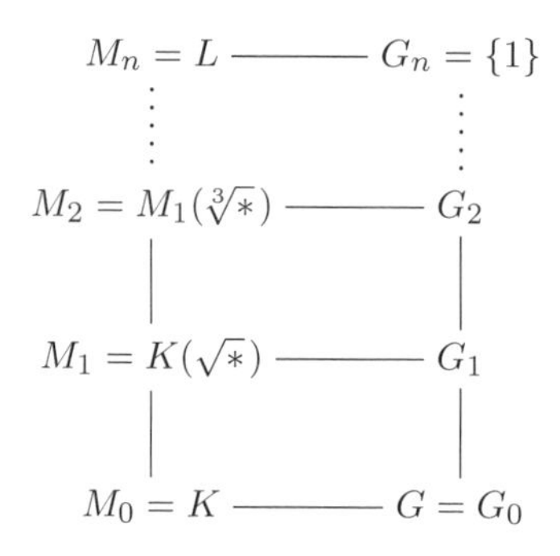

は M_{i-1} に $\sqrt[N]{A}$ $(A \in M_{i-1})$ という形の元を付け加えたものよりなり，方程式の解が L の中にあるとき，方程式はべき根で解けると解釈することができる．このときガロア理論は，体の列 $M_0 = K \subset M_1 \subset \cdots \subset M_n = L$ に対し群の減少列 $G_0 = G \supset G_1 \supset \cdots \supset G_n = \{1\}$ があり，M_i と M_{i+1} の関係が G_i と G_{i+1} の関係で解釈できるということを主張するものである．この G のことを方程式の**ガロア群**という．ガロア群は方程式がべき根で解けなくても定義することができる．

このガロア群 G は有限群であり，方程式がべき根で解けるときには，「可解性」という特別な性質を持つことが証明できる．そして，一般の5次以上の方程式の場合は，このガロア群 G が可解性を持たないことを証明することにより，べき根で解けないということが証明できるのである．

これが，群論を学ぶ一つの大きな理由である．このような抽象的な議論は当時革命的であった．読者もこの議論を即座に受け入れることはできないかもしれないが，群論が何を目指しているかを知ることは，群論を学ぶ動機づけになるのではないかと思う．

群論を学ぶもう一つの理由は群は対称性を表すという点である．例えば，空間に次ページのような図形があったとしよう．

この図形のOに対応する点は原点とする．この図形は水平方向に180度回転しても集合として変わらない．この図形が水の分子を表しているとみなすと，それは水平方向に関する180度の回転という対称性を持っている．だから，仮にこの分子を空間の一つの質点とみなしたとしても，その対称性も考慮すべきである．

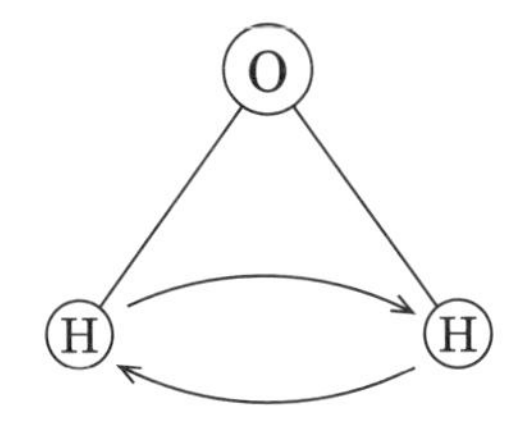

例えば，この分子の何らかの物理的な性質がベクトル空間 V の元で表されたとする．もし $\boldsymbol{x} \in V$ がこの分子がとり得る可能な状態を表すなら，分子を回転させると，この分子の異なる位置での状態を表すと考えられる．回転は $G = \mathrm{SO}(3)$ の元で表せるので，G は V に作用することになる (4 章参照)．この作用が線形な作用なら，準同型 $G \to \mathrm{GL}(V)$ が定まり，それは群の「表現」というものである．

特に，回転が水平方向の 180 度の回転 σ なら，作用の結果は分子の同じ位置での状態になる．同じ位置での状態が同じと仮定するなら，この分子の状態を表す V の点は σ により不変になるはずである．

このように考えると状態の空間 V が群の表現である場合，V をそれ以上分解できない表現 (既約表現 (III–5 章参照)) に分解して考えることは自然なことである．また，G の中で σ で生成された部分群を H とすると，もし分子の状態が σ で不変なら，V を H の表現として考え，既約表現に分解するとき，H で不変な元は既約表現の中で自明な表現に対応する部分の元になる．こういったことが，群の表現が量子力学などで使われる理由であるようだ．

なお，図形の対称性を使って，ルービックキューブのような遊びの仕組みを群論の観点から説明することも可能である．

3.3　群のどのような性質を調べるか

この節では，群に関して何を調べるのかについて解説する．調べるべき性質はもちろんここに述べるものだけではない．以下 G は群とする．調べるべき群の性質として，少なくとも以下のようなものがある．

(0)　二つの群がいつ同型か調べる．

(1)　G のすべての部分群を決定する．

(2) G から一般線形群への準同型 (それを表現という) をすべて記述する．

(3) G が作用する集合 X が与えられたとき，その軌道 (定義 4.1.19 参照) の集合を記述する．

なおこれらの問題のどれも，完全に一般な状況では非常に難しい問題となることを注意しておく．(0)–(3) を調べる理由を以下説明する．

(0) これは基本的な問題であり，説明の必要はないだろう．

(1) これを調べる理由は，ガロア理論との関連で，G が体の拡大のガロア群として現れるときには，G の部分群をすべて決定することは，「中間体」というものをすべて決定することに対応するからである．また，群が一般線形群のような無限群の場合でも，「保型形式」という分野で，部分群をすべて決定する必要が生じることもある．

(2) このような問題を調べる数学の分野を「表現論」という．一般に可換でない群は，その表現をすべて記述できたら，かなりわかったものと認識される．

(3) 軌道の集合を調べることは，後で解説する「シローの定理」の証明に直接関わってくる．シローの定理は有限群の性質を調べる上で，必要不可欠である．

もう少し高度な概念として「モジュライの構成」というものがある．例えば穴が二つある下図のような曲面に入る「代数構造」の集合を記述する，あるいはパラメータ化する「代数多様体」のことを「モジュライ」という．このような「モジュライ」は 1960 年代にある種の群の作用の軌道の集合として代数的に構成された．「モジュライ」は「代数幾何」という分野の中心的な話題の一つである．

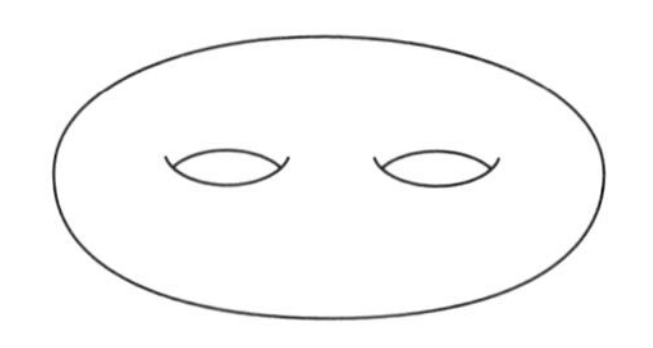

これらの問題には高度な代数学に関係するものもあり，群論を学び始めた読者に理解できないこともあるかもしれないが，2 章で学んだことや 4 章で学ぶ動機をぼんやりとでもよいから理解しておくことには意義があるだろう．

第4章
群の作用とシローの定理

この章では，群の作用とその応用であるシロー (Sylow) の定理について解説する．シローの定理は有限群を調べる基本的な道具である．4.9 節では交代群 A_n $(n \geqq 5)$ が単純群であることを証明する．これは第2巻で解説する，5次以上の一般の方程式がべき根で解けないという事実と関係している．また，正多面体群は非常に興味深い群である．4.10 節では，群の作用を使って，正多面体群が $A_4, \mathfrak{S}_4, A_5$ に同型であることを証明する．

4.1　群の作用

定義 4.1.1 (群の作用)　G を群，X を集合とする．G の X への**左作用**とは，写像 $\phi: G \times X \ni (g,x) \mapsto \phi(g,x) \in X$ であり，次の性質 (1), (2) を満たすものである．

(1)　$\phi(1_G, x) = x$.

(2)　$\phi(g, \phi(h,x)) = \phi(gh, x)$.

また，写像 $\phi: G \times X \ni (g,x) \mapsto \phi(g,x) \in X$ が上の (1) と次の $(2)'$

$(2)'$　$\phi(g, \phi(h,x)) = \phi(hg, x)$

を満たすなら，ϕ を**右作用**という．　◇

G の X への作用があるとき，$\boldsymbol{G}$ **は** $\boldsymbol{X}$ **に作用する**という．左作用なら，$\boldsymbol{G}$ **は** $\boldsymbol{X}$ **に左から作用する**という．右作用でも同様である．ϕ が左作用のときには，$\phi(g,x)$ の代わりに $g \cdot x$ と書くと，(2) の性質は $g \cdot (h \cdot x) = (gh) \cdot x$ となる．また，ϕ が右作用のときには，$\phi(g,x)$ の代わりに $x \cdot g$ と書くと，$(2)'$ の性質は $(x \cdot g) \cdot h = x \cdot (gh)$ となる．左作用・右作用ともに「$\cdot$」なしに gx, xg などと書

くこともある．**右作用の場合**，$\boldsymbol{x \cdot g}$ **ではなく**，$\boldsymbol{x^g}$ **と書くことも多い**．

なお，G が X に左から作用し，$x,y \in X$，$g \in G$，$gx = y$ なら，$\boldsymbol{g}$ **により** $\boldsymbol{x}$ **は** $\boldsymbol{y}$ **に移る**という．このとき，$g^{-1}gx = 1_G x = x = g^{-1}y$ となる．つまり，g により x が y に移るなら，g^{-1} により y は x に移る (あるいは x に戻る)．g^{-1} による作用が g による作用の逆写像になるので，次の命題を得る．

> **命題 4.1.2**　群 G が集合 X に作用すると，$g \in G$ に対して定まる写像 $X \ni x \mapsto gx \in X$ は全単射である．

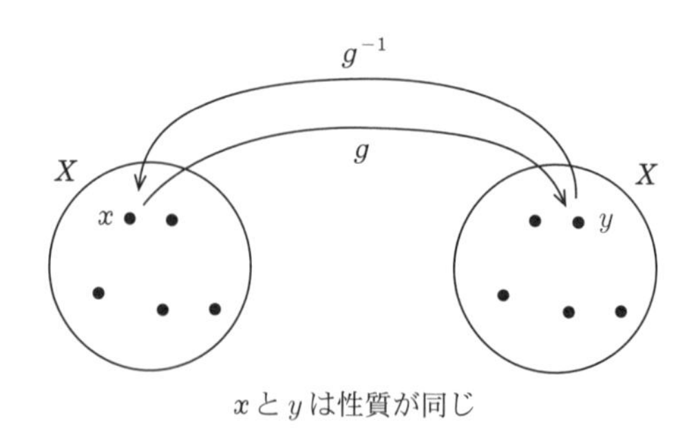

x と y は性質が同じ

例 4.1.3 (**群の作用 1** (**自明な作用**))　G を群，X を集合とする．$g \in G$，$x \in X$ に対して $\boldsymbol{gx = x}$ と定義すると，明らかにこれは左作用でも右作用でもある．この作用のことを**自明な作用**という．　◇

例 4.1.4 (**群の作用 2**)　$G = \mathfrak{S}_n$，$X = \{1, \cdots, n\}$ とする．G の元は X から X への全単射よりなる．$\sigma \in G$，$i \in X$ に対して，$\sigma(i)$ を写像としての値とすると，$\sigma, \tau \in \mathfrak{S}_n$ に対し $(\sigma\tau)(i) = \sigma(\tau(i))$ が G の積の定義だったので，$(\sigma, i) \mapsto \sigma(i)$ は左作用である．　◇

例 4.1.5 (**群の作用 3** (**線形作用**))　G を群，$\rho : G \to \mathrm{GL}_n(\mathbb{R})$ を準同型とする．$\mathbb{R}^n$ を，実数を成分に持つ n 次元列ベクトルのなす実ベクトル空間とする．$g \in G$ なら $\rho(g)$ は $n \times n$ 行列なので，$\boldsymbol{x} \in \mathbb{R}^n$ に対して積 $\rho(g)\boldsymbol{x}$ が定義できる．ρ は準同型なので，$\rho(1_G) = I_n$ である．したがって，$\rho(1_G)\boldsymbol{x} = \boldsymbol{x}$ となる．また $g, h \in G$ なら，行列に関しては結合法則が成り立つので，$\rho(g)(\rho(h)\boldsymbol{x}) = (\rho(g)\rho(h))\boldsymbol{x} = \rho(gh)\boldsymbol{x}$ となる．したがって，$(g, \boldsymbol{x}) \mapsto \rho(g)\boldsymbol{x}$ は左作用である．各

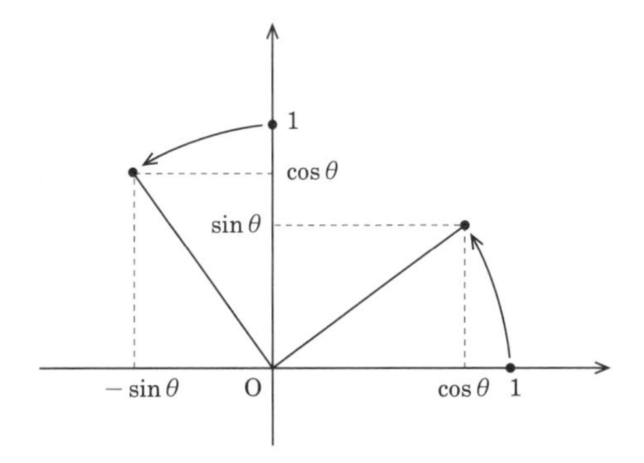

$\rho(g)$ は線形写像なので，このような作用のことを**線形な作用**という．

G が $\mathrm{GL}_n(\mathbb{R})$ の部分群なら，包含写像 $G \to \mathrm{GL}_n(\mathbb{R})$ は準同型である．よって，G は $\mathbb{R}^n$ に作用する．特に，$\mathrm{O}(n), \mathrm{SO}(n)$ は $\mathbb{R}^n$ に作用する．

同様に準同型 $G \to \mathrm{GL}_n(\mathbb{C})$ があれば，G は $\mathbb{C}^n$ に左から作用する．これも線形作用という．　◇

特に，直交群 $\mathrm{O}(2)$ について考察する．$\theta \in \mathbb{R}$ に対し，

$$\boldsymbol{R_\theta} = \begin{pmatrix} \boldsymbol{\cos\theta} & \boldsymbol{-\sin\theta} \\ \boldsymbol{\sin\theta} & \boldsymbol{\cos\theta} \end{pmatrix} \tag{4.1.6}$$

とおく．$R_\theta \in \mathrm{SO}(2)$ であることは計算でわかる．列ベクトルはスペースの関係上 $[1,0]$ などと書くことにすると，R_θ により，ベクトル $[1,0]$, $[0,1]$ はそれぞれ $[\cos\theta, \sin\theta]$, $[-\sin\theta, \cos\theta]$ に移る．したがって，R_θ は角度 θ の回転である (上図参照).

補題 4.1.7　$\mathbf{SO(2)} = \{\boldsymbol{R_\theta} \mid \boldsymbol{\theta} \in \mathbb{R}\}$.

証明　$g = \begin{pmatrix} a & b \\ c & d \end{pmatrix} \in \mathrm{SO}(2)$ なら，$a^2+c^2=1$, $b^2+d^2=1$, $ab+cd=0$ となる．したがって，$a=\cos\theta$, $c=\sin\theta$ となる $\theta \in \mathbb{R}$ がある．$ab+cd=0$ なので，$b=-t\sin\theta$, $d=t\cos\theta$ となる $t \in \mathbb{R}$ がある．$\det g = 1$ なので，$t=1$ となり，$g = R_\theta$ である．　□

補題 4.1.7 は $\mathbb{R}^2$ (平面) の回転はすべて $\mathrm{SO}(2)$ の作用で得られることを主張する．

命題 4.1.8　(1)　$g \in \mathrm{O}(n)$ なら，$\det g = \pm 1$.

(2)　$(\mathrm{O}(n) : \mathrm{SO}(n)) = 2$.

証明　(1) $g \in \mathrm{O}(n)$ なら，${}^t gg = I_n$ の両辺の行列式を考え，$(\det g)^2 = 1$. よって，$\det g = \pm 1$.

(2) 行列式の値が -1 になる $\mathrm{O}(n)$ の元として

$$r = \begin{pmatrix} 1 & 0 & \\ 0 & -1 & 0 \\ & 0 & I_{n-2} \end{pmatrix} \tag{4.1.9}$$

(右の 0, 下の 0 はそれぞれサイズが $2\times(n-2)$, $(n-2)\times 2$ の零行列) とおく. $r \in \mathrm{O}(n)$, $\det r = -1$ であることはすぐにわかるので，準同型 $\det : \mathrm{O}(n) \to \{\pm 1\}$ は全射である. $\mathrm{Ker}(\det) = \mathrm{SO}(n)$ なので，準同型定理 (定理 2.10.1) より $\mathrm{O}(n)/\mathrm{SO}(n) \cong \{\pm 1\}$. したがって，$(\mathrm{O}(n) : \mathrm{SO}(n)) = 2$. なお，$n = 2$ なら，r はベクトル $[x,y]$ を $[x,-y]$ に移す. つまり，x 軸に関して対称な点に移す作用である. □

例 4.1.5 に関連して，二面体群について解説する. 整数 $n > 2$ を固定する. P_n を単位円 $x^2+y^2=1$ に内接し，[1,0] を一つの頂点とする正 n 角形とする.

$$\boldsymbol{D_n = \{g \in \mathrm{O}(2) \mid gP_n = P_n\}}$$

とおき，**二面体群**という. なお，$gP_n = P_n$ とは g が集合 P_n を P_n に移すという意味であり，すべての $\boldsymbol{x} \in P_n$ に対して $g\boldsymbol{x} = \boldsymbol{x}$ となるという意味ではない.

R_θ, r を (4.1.6), (4.1.9) で定義された元とする. $t = R_{2\pi/n}$ とおく. また I_2 のことを 1 と書く.

命題 4.1.10　(1)　関係式 $\boldsymbol{t^n = 1}$, $\boldsymbol{r^2 = 1}$, $\boldsymbol{rtr = t^{-1}}$ が成り立つ.

(2)　$\boldsymbol{|D_n| = 2n}$, $\boldsymbol{D_n = \{1, t, \cdots, t^{n-1}, r, rt, \cdots, rt^{n-1}\}}$ である.

(3)　rt^i $(i = 0, \cdots, n-1)$ の位数は 2 である.

証明　(1)　最初の二つの関係式は明らかである. $\theta \in \mathbb{R}$ なら

$$\begin{pmatrix} 1 & 0 \\ 0 & -1 \end{pmatrix}\begin{pmatrix} \cos\theta & -\sin\theta \\ \sin\theta & \cos\theta \end{pmatrix}\begin{pmatrix} 1 & 0 \\ 0 & -1 \end{pmatrix} = \begin{pmatrix} \cos\theta & \sin\theta \\ -\sin\theta & \cos\theta \end{pmatrix} = R_\theta^{-1}$$

なので，$\theta = 2\pi/n$ とすれば $rtr = t^{-1}$ となる.

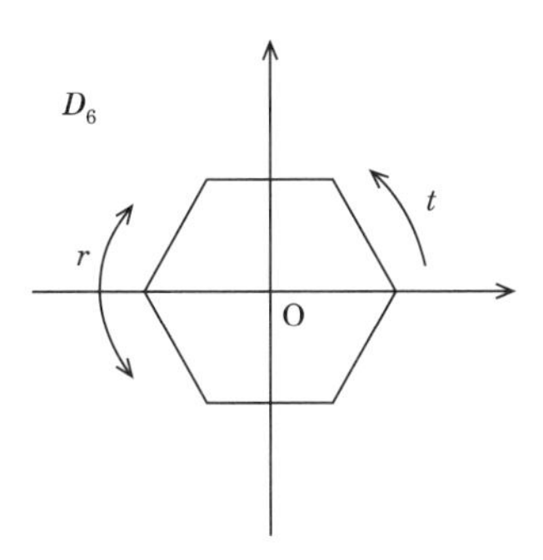

(2) まず $D_n = \{1, t, \cdots, t^{n-1}, r, rt, \cdots, rt^{n-1}\}$ であることを示す．P_n の頂点を $[1,0]$ から反時計回りに $A_1 = [1,0], \cdots, A_n$ とする．t は角度 $2\pi/n$ の回転なので，$A_1 \to A_2 \to A_3 \to \cdots \to A_n \to A_1$ と移す．したがって，$tP_n = P_n$ である．r は平面の点を x 軸に関して対称な点に移すので，$rP_n = P_n$ である．

$g \in D_n$ で $\det g = -1$ なら，$r \in D_n$, $\det(rg) = 1$ なので $rg \in \mathrm{SO}(2) \cap D_n$ である．$h = rg$ とおくと，$r^2 = 1$ なので，$g = rh$ である．$R_\theta \in \mathrm{SO}(2) \cap D_n$ なら $R_\theta A_1$ は P_n の頂点でなければならないので，$0 \leqq k \leqq n-1$ があり，$R_\theta A_1 = A_{k+1} = R_{2k\pi/n} A_1$ となる．すると，$\cos\theta = \cos\dfrac{2k\pi}{n}$，$\sin\theta = \sin\dfrac{2k\pi}{n}$ なので，$R_\theta = R_{2k\pi/n} = t^k$ である．よって，$D_n = \{1, t, \cdots, t^{n-1}, r, rt, \cdots, rt^{n-1}\}$ である．

$0 \leqq i < j \leqq n-1$ なら，$t^i A_1 = A_{i+1}$, $t^j A_1 = A_{j+1}$ で $A_{i+1} \neq A_{j+1}$ なので，$t^i \neq t^j$ である．$t^i = t^j$ と $rt^i = rt^j$ は同値なので，$r, \cdots, rt^{n-1}$ はすべて異なる．$\det t^k = 1$, $\det(rt^k) = -1$ なので，$\{1, \cdots, t^{n-1}, r, \cdots, rt^{n-1}\}$ はすべて異なる．したがって，$|D_n| = 2n$ である．

任意の i に対し $rt^i rt^i = t^{-i} t^i = 1$ となるので，(3) が従う．□

例 4.1.11 (群の作用 4)　G を群とする．$X = G$ とし，$g \in G$, $x \in X = G$ に対して，$gx \in G = X$ を G の元としての積とする．定義 4.1.1 (1) は単位元の定義から，(2) は群 G での結合法則から成り立つ．したがって，これは G の G 自身への左作用である．右からの積を考えると，G から G への右作用を得る．◇

群 G が有限集合 $X = \{x_1, \cdots, x_n\}$ に左から作用するとする．このとき，$\boldsymbol{g \cdot x_i = x_{\rho(g)(i)}}$ $(i = 1, \cdots, n)$ とおく．命題 4.1.2 で指摘したように，$\rho(g)$ は $\{1, \cdots, n\}$ の置換を引き起こし，写像 $\rho : G \to \mathfrak{S}_n$ を定める．

命題 4.1.12　$\rho : G \to \mathfrak{S}_n$ は群の準同型である．

証明　$g, h \in G$ なら，$i = 1, \cdots, n$ に対し，

$$x_{\rho(gh)(i)} = (gh) \cdot x_i = g \cdot (h \cdot x_i) = g \cdot x_{\rho(h)(i)} = x_{\rho(g) \circ \rho(h)(i)}$$

である．したがって，$\rho(gh) = \rho(g) \circ \rho(h)$ である．□

上の ρ を X への作用により定まる**置換表現**という．

定理 4.1.13 (ケーリー (Cayley))　G が位数 n の有限群なら，G から $\mathfrak{S}_n$ への単射準同型がある．

証明　G の G への左からの積による作用を考える (例 4.1.11)．命題 4.1.12 により，置換表現 $\rho : G \to \mathfrak{S}_n$ が定まる．$\rho(g) = 1$ なら，すべての $h \in G$ に対して $gh = h$ である．例えば $h = 1_G$ とすれば，$g = 1_G$ である．したがって，$\mathrm{Ker}(\rho) = \{1_G\}$ であり，ρ は単射である．□

例 4.1.14 (定理 4.1.13)　次の (1), (2) では例 4.1.11 の作用を考え，ρ を置換表現とする．

(1)　$G = \mathbb{Z}/3\mathbb{Z}$ において $x_1 = \overline{0}$, $x_2 = \overline{1}$, $x_3 = \overline{2}$, $g = \overline{1}$ とすると，$g + x_1 = x_2$, $g + x_2 = x_3$，$g + x_3 = x_1$．よって，$\rho(g) = (123) \in \mathfrak{S}_3$ である．

(2)　$G = \mathfrak{S}_3$ において，$x_1 = 1_{\mathfrak{S}_3} = 1$，$x_2 = (12)$，$x_3 = (13)$，$x_4 = (23)$，$x_5 = (123)$，$x_6 = (132)$，$g = (12)$，$h = (123)$ とおく．

gx_j, hx_j は

$$\begin{array}{ll}
(12)1 = (12) & (123)1 = (123) \\
(12)(12) = 1 & (123)(12) = (13) \\
(12)(13) = (132) & (123)(13) = (23) \\
(12)(23) = (123) & (123)(23) = (12) \\
(12)(123) = (23) & (123)(123) = (132) \\
(12)(132) = (13) & (123)(132) = 1
\end{array}$$

となるので，$\rho(g) = (12)(36)(45)$，$\rho(h) = (156)(234)$ である．◇

例 4.1.15 (群の作用 5)　H を群 G の部分群，$X = G/H$ とする．$g \in G$,

$xH \in G/H$ に対して，$\boldsymbol{g \cdot (xH) = (gx)H}$ と定義すると，これは well-defined になり，G の G/H への左作用になる．これを **G の G/H への自然な作用**という．同様に G の $H\backslash G$ への右作用も定まる．これも自然な作用という．

例えば，$G = \mathfrak{S}_3$, $H = \langle(12)\rangle$ なら，G/H の完全代表系として $\{x_1 = 1,\ x_2 = (123),\ x_3 = (132)\}$ をとれる．$\rho : G \to \mathfrak{S}_3$ をこの場合の置換表現とする．

$$
\begin{aligned}
&(12)x_1 = (12) \in x_1H, && (123)x_1 = (123) \in x_2H,\\
&(12)x_2 = (132)(12) \in x_3H, && (123)x_2 = (132) \in x_3H,\\
&(12)x_3 = (123)(12) \in x_2H, && (123)x_3 = 1 \in x_1H
\end{aligned}
$$

なので，$\rho((12)) = (23)$, $\rho((123)) = (123)$ である． ◇

例 4.1.16 (群の作用 6) G を群，$X = G$ とする．$g \in G$, $h \in X$ とするとき，$\boldsymbol{\mathrm{Ad}(g)(h) = ghg^{-1}}$ と定義する．$g_1, g_2, h \in G$ なら

$$
\mathrm{Ad}(g_1g_2)(h) = (g_1g_2)h(g_1g_2)^{-1} = g_1(g_2hg_2^{-1})g_1^{-1} = \mathrm{Ad}(g_1)(\mathrm{Ad}(g_2)(h))
$$

である．$G \times X$ から X への写像を $(g,x) \mapsto \mathrm{Ad}(g)(x)$ と定義すると，上の考察よりこれは左作用になる．この作用のことを**共役による作用**という．

G がアーベル群なら，共役による作用は自明である．

$G = \mathfrak{S}_3$ とすると，$\sigma = (12)$ なら，

$$
\begin{aligned}
&\mathrm{Ad}(\sigma)(1) = 1, \quad \mathrm{Ad}(\sigma)((12)) = (12), \quad \mathrm{Ad}(\sigma)((13)) = (23),\\
&\mathrm{Ad}(\sigma)((23)) = (13), \quad \mathrm{Ad}(\sigma)((123)) = (132), \quad \mathrm{Ad}(\sigma)((132)) = (123)
\end{aligned}
$$

なので，$1, (12), (13), (23), (123), (132)$ の順番に番号をつけると，置換表現 ρ により，$\rho(\sigma) = (34)(56)$ となる． ◇

例 4.1.17 (群の作用 7) G を群，X を G から $\mathbb{C}$ への関数全体の集合とする．$g \in G$, $f \in X$ とするとき，$gf \in X$ を $(gf)(h) = f(hg)$ と定義する．$g_1, g_2 \in G$ なら

$$
(g_1(g_2f))(h) = (g_2f)(hg_1) = f(hg_1g_2) = ((g_1g_2)f)(h)
$$

なので，これは左作用である．

$(gf)(h) = f(gh)$ とすれば右作用である．また，$(gf)(h) = f(hg^{-1})$ とすれば右作用であり，$(gf)(h) = f(g^{-1}h)$ とすれば左作用である． ◇

注 4.1.18 約束したように，ここで第一同型定理 (定理 2.10.1) の応用の可

能性について説明する．

$\phi: H \to G$ を群準同型とする．定理 2.10.1 より $H/\mathrm{Ker}(\phi) \cong K = \mathrm{Im}(\phi) \subset G$ は部分群である．部分群の存在だけで非自明な情報が得られることが時としてある．例えば，G の位数は n で K の位数 m も決定できたとしよう．G は G/K へ左からの積で作用する．この作用で置換表現 $\rho: G \to \mathfrak{S}_l$ が定まる．ここで $l = |G/K| = n/m$ である．

m が十分大きくて $l! < n$ なら，ρ は単射ではない．一方，G の G/K への作用は推移的なので，$n = m$ でなければ，$\mathrm{Im}(\rho) \neq \{1_{\mathfrak{S}_l}\}$ である．したがって，$\mathrm{Ker}(\rho) \subset G$ は G の非自明な正規部分群である．群が非自明な正規部分群を持つかどうかは，方程式論と関係して，有限群論の重要な問題である．◇

以下，ことわらなければ，作用は左作用とする．

定義 4.1.19　群 G が集合 X に作用するとする．

(1)　$x \in X$ のとき $\boldsymbol{G\cdot x = \{gx \mid g \in G\}}$ と書き，x の G による**軌道**という．

(2)　$x \in X$ があり，$G\cdot x = X$ となるとき，この作用は**推移的**であるという．また，X は G の**等質空間**であるという．

(3)　$x \in X$ のとき $\boldsymbol{G_x = \{g \in G \mid gx = x\}}$ と書き，x の**安定化群**という．

◇

例 4.1.20 (軌道・安定化群 1)　とりあえず軌道の例を一つ考える．

$$G = \mathrm{SO}(2) = \left\{ R_\theta = \begin{pmatrix} \cos\theta & -\sin\theta \\ \sin\theta & \cos\theta \end{pmatrix} \middle| \theta \in \mathbb{R} \right\}, \qquad X = \mathbb{R}^2$$

とおくと，G は行列としての積により X に作用する．$\mathbb{R}^2$ の元は $[x,y]$ と表す．正の実数 a に対し，$R_\theta[a,0] = [a\cos\theta, a\sin\theta]$ である．よって，点 $[a,0]$ の軌道は半径 a の円である (次ページの図参照)．$R_\theta[a,0] = [a,0]$ なら，$\cos\theta = 1$，$\sin\theta = 0$ なので，θ は 2π の整数倍である．よって，$R_\theta = I_2$ となり，$[a,0]$ の安定化群は自明である．また，$a > 0$ を固定すれば，G は $C_a = \{[x,y] \in \mathbb{R}^2 \mid x^2 + y^2 = a^2\}$ に作用し，C_a は等質空間である．◇

命題 4.1.21　G が集合 X に作用し，$x, y \in X$，$g \in G$ で $gx = y$ なら，$G\cdot y = G\cdot x$，$G_y = gG_xg^{-1}$ である．

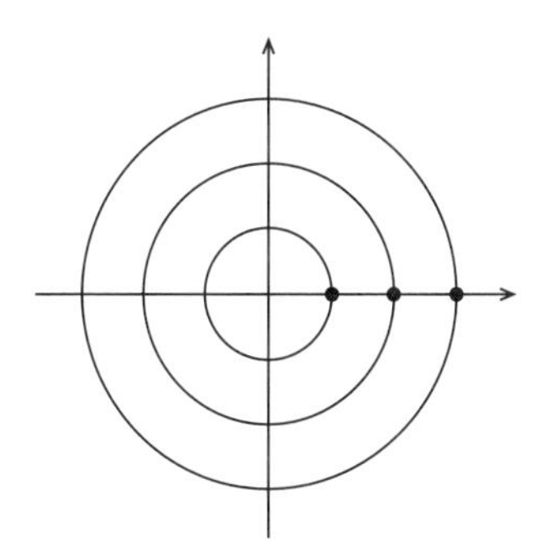

SO(2) の作用による軌道

証明　$h \in G$ なら $hy = hgx \in G\cdot x$ なので，$G\cdot y \subset G\cdot x$ である．$x = g^{-1}y$ なので，$G\cdot x \subset G\cdot y$ ともなり，$G\cdot y = G\cdot x$ である．$h \in G$ なら，

$$h \in G_y \iff hy = y \iff hgx = gx \iff g^{-1}hgx = x$$
$$\iff g^{-1}hg \in G_x \iff h \in gG_xg^{-1}.$$

したがって，$G_y = gG_xg^{-1}$. □

系 4.1.22　G が集合 X に作用し，$x,y \in X$ で $(G\cdot x)\cap(G\cdot y) \neq \emptyset$ なら，$G\cdot y = G\cdot x$, $G_y \cong G_x$ である．

証明　$z \in (G\cdot x)\cap(G\cdot y)$ なら，$z = g_1x = g_2y$ となる $g_1,g_2 \in G$ がある．$y = g_2^{-1}g_1x$ となるので，命題 4.1.21 より，$G\cdot x = G\cdot y$ である．$g = g_2^{-1}g_1$ とおくと，$G_y = gG_xg^{-1}$ だが，$\phi : G_x \ni h \mapsto ghg^{-1} \in G_y$ とすると，$h_1,h_2 \in G_x$ に対し，

$$\phi(h_1h_2) = gh_1h_2g^{-1} = gh_1g^{-1}gh_2g^{-1} = \phi(h_1)\phi(h_2)$$

より ϕ は準同型である．$h \mapsto g^{-1}hg$ が ϕ の逆写像なので，ϕ は同型である． □

系 4.1.23　群 G が集合 X に作用するとき，$x,y \in X$ で $G\cdot x = G\cdot y$ なら $x \sim y$ と定義する．すると，$\sim$ は X 上の同値関係である．この同値関係による剰余類は X 上の軌道と 1 対 1 に対応する．

証明　$\sim$ が同値関係になることはやさしい．命題 4.1.21 より，$y \sim x$ は $y \in$

$G{\cdot}x$ と同値である．したがって，x の同値類は $G{\cdot}x$ と一致する．□

同じ軌道に属することが同値関係なので，$y \in G{\cdot}x$ であるとき，y はこの軌道の**代表元**であるという．また，各軌道の代表元をちょうど一つずつ含む部分集合を軌道の**完全代表系**という．

> **命題 4.1.24**　G が集合 X に作用するとする．$x \in X$ であるとき，集合 $G{\cdot}x$ と G/G_x は，対応 $G/G_x \ni gG_x \mapsto gx \in G{\cdot}x$ により，1 対 1 に対応する．よって，$|G{\cdot}x| = (G : G_x)$．さらに $|G| < \infty$ なら，これは $|G|/|G_x|$ に等しい．

証明　$g_1, g_2 \in G$ とする．

$$g_1 x = g_2 x \iff g_2^{-1} g_1 x = x \iff g_2^{-1} g_1 \in G_x \iff g_1 \in g_2 G_x$$

となるので，G/G_x の元 gG_x に対し $\phi(gG_x) = gx$ と定義すれば，これは G/G_x から $G{\cdot}x$ への well-defined な写像になる．上の条件はすべて同値なので，ϕ は全単射な写像となる．ラグランジュの定理 (定理 2.6.20) より $(G : G_x) = |G/G_x| = |G|/|G_x|$ となるので，後半の主張が従う．□

例 4.1.25 (軌道・安定化群 2)　群 G の G 自身への左からの積による作用を考える (例 4.1.11 参照)．$g \in G$ なら $g = g1_G$ なので，$g \in G1_G$ である．したがって，$G = G1_G$ であり，この作用は推移的である．$g1_G = 1_G$ なら $g = 1_G$ なので，1_G の安定化群は自明である．◇

例 4.1.26 (軌道・安定化群 3)　$G = \mathfrak{S}_n$ の $X = \{1, \cdots, n\}$ への作用を考える (例 4.1.4 参照)．$\sigma = (i\,n)$ なら $\sigma(n) = i$ なので，この作用は推移的である．n の安定化群は $H = \{\sigma \in \mathfrak{S}_n \mid \sigma(n) = n\}$ である．$\sigma \in H$ は n を不変にするので，$Y = \{1, \cdots, n-1\}$ の置換を引き起こす．よって，G_n (n は添字ではなく，安定化群の意味) を $\mathfrak{S}_{n-1}$ とみなすことができる．したがって，$\mathfrak{S}_n/\mathfrak{S}_{n-1}$ は $\{1, \cdots, n\}$ と 1 対 1 に対応する．◇

定義 4.1.27　H を群 G の部分群とする．

(1)　$\mathrm{N}_G(H) = \{g \in G \mid gHg^{-1} = H\}$,

(2)　$\mathrm{Z}_G(H) = \{g \in G \mid {}^\forall h \in H,\ gh = hg\}$,

(3) $\mathrm{Z}(G)=\mathrm{Z}_G(G)$

と定義し，$\mathrm{N}_G(H),\mathrm{Z}_G(H)$ をそれぞれ H の**正規化群**，**中心化群**という (これらが部分群であることの証明は略)．また，$\mathrm{Z}(G)$ を G の**中心**という．$x\in G$ で $H=\langle x\rangle$ のとき，$\mathrm{Z}_G(H)$ の代わりに $\mathrm{Z}_G(x)$ とも書き，x の中心化群という． $\diamond$

なお，H が有限群なら，$|gHg^{-1}|=|H|<\infty$ である．よって，$gHg^{-1}\subset H$ なら，$gHg^{-1}=H$ である．しかし H が無限集合のときには，$gHg^{-1}\subset H$ であっても $gHg^{-1}=H$ とは限らない．例えば，$G=\mathrm{GL}_2(\mathbb{R})$ で

$$H=\left\{n(u)=\begin{pmatrix}1&u\\0&1\end{pmatrix}\middle|\,u\in\mathbb{Z}\right\},\qquad g=\begin{pmatrix}2&0\\0&1\end{pmatrix}$$

とすると，$gn(u)g^{-1}=n(2u)$ なので，$[H:gHg^{-1}]=2$ となる．よって，$g\notin \mathrm{N}_G(H)$ である．

$\mathrm{Z}_G(H),\mathrm{Z}(G)$ の代わりに，$\mathrm{C}_G(H),\mathrm{C}(G)$ などの記号を使う流儀もある．G がアーベル群なら，$\mathrm{Z}(G)=G$ である．なお $g,x\in G$, $gxg^{-1}=x$ なら，任意の $h\in\langle x\rangle$ に対して $ghg^{-1}=h$ となる．よって，$\boldsymbol{\mathrm{Z}_G(x)=\{g\in G\mid gxg^{-1}=x\}}$ である．

定義 4.1.28 群 G の元 x,y に対し，$g\in G$ があり $y=gxg^{-1}$ となるとき，x と y は**共役**であるという．x と共役である元の集合を x の**共役類**といい $C(x)$ と書く． $\diamond$

y が x に共役であることは，G の G 自身への共役による作用 (例 4.1.16) で y が x の軌道の元であることを意味する．よって，系 4.1.23 より $x,y\in G$ が共役であるというのは G 上の同値関係であり，共役類はその同値類である．

定理 4.1.29 G を有限群とする．

(1) $x\in G$ なら，$\boldsymbol{|C(x)|=|G|/|\mathrm{Z}_G(x)|}$ である．また $C(x)=\{x\}$ であることと x が G の中心 $\mathrm{Z}(G)$ の元であることは同値である．

(2) (**類等式**) 等式 $\boldsymbol{|G|=\sum|C(x)|}$ が成り立つ．ただし，和はすべての共役類を重複なく数えるとする．

証明 例 4.1.16 で解説した，群 G の G への共役による作用を考える．$x\in G$ に対し，$\mathrm{Ad}(g)(x)=x$ であることは $gxg^{-1}=x$ であることと同値であ

る．したがって，この作用に関する x の安定化群は $\mathrm{Z}_G(x)$ である．また x の軌道は x の共役類 $\{gxg^{-1} \mid g \in G\}$ である．したがって，命題 4.1.24 より $|C(x)| = |G|/|\mathrm{Z}_G(x)|$ が従う．$C(x) = \{x\}$ であることは，すべての $g \in G$ に対し $gxg^{-1} = x$ であることと同値である．これは $gx = xg$ と同値なので，$x \in \mathrm{Z}(G)$ と同値である．G は同値類の直和 ((2.6.10) 参照) なので，(2) が従う． □

上の定理により，G が有限群なら，類等式は次の制約を受けることがわかる．

(1) 類等式の右辺には必ず 1 が少なくとも 1 回は現れる．
(2) 類等式の右辺に現れる数はすべて $|G|$ の約数である．
(3) 類等式の右辺に現れる 1 の数は $|G|$ の約数である．

(1) は単位元 1_G の共役は 1_G しかないことからわかる．(2) は $|C(x)|$ は $|G|$ の約数であることからわかる．$|C(x)| = 1$ であることは $x \in \mathrm{Z}(G)$ と同値なので，類等式の右辺に現れる 1 の数は $|\mathrm{Z}(G)|$ である．(3) はこのことより従う．このように，ある式が類等式かどうかを (1)–(3) を用いて調べることを**自明な考察**とよぶことにしよう．例えば，$|G| = 3$ なら，$3 = 1+2$ は (2) が成り立たないので，自明な考察により類等式ではありえない．

例題 4.1.30 (類等式の可能性)　G を位数 4 の群とするとき，次の等式の中で，自明な考察により類等式でないことがわかるものはどれか．

(1) $4 = 1+1+1+1$.　(2) $4 = 1+1+2$.　(3) $4 = 2+2$.
(4) $4 = 1+3$.　(5) $4 = 4$.

解答　(3), (5) は右辺に 1 が現れないので，類等式ではない．(4) では 3 が 4 の約数ではないので，類等式ではない． □

後で証明する命題 4.4.4 により，位数 4 の群は可換になることがわかる．したがって，例題 4.1.30 で類等式は (1) だけになる．

例 4.1.31 (共役類)　$G = \mathfrak{S}_3$ の自分自身への共役による作用を考える．$x = (12)$ とすると，$G_x = \mathrm{Z}_G(x)$ である．x は自分自身と可換なので，$(12) \in \mathrm{Z}_G(x)$ である．よって，$\langle (12) \rangle \subset \mathrm{Z}_G(x)$ である．$|\mathrm{Z}_G(x)|$ は 2 以上で 6 の約数なので，$\mathrm{Z}_G(x) = \langle (12) \rangle$ または $\mathrm{Z}_G(x) = G$ である．

$\mathrm{Z}_G(x)=G$ なら x は G のすべての元と可換である．しかし

$$(123)(12)(132)=(23)$$

なので (12) は (123) と可換でない．これは矛盾なので，$\mathrm{Z}_G(x)=\langle(12)\rangle$ である．したがって，$|C(x)|=6/2=3$ である．

$$(132)(12)(123)=(13)$$

なので，$C(x)=\{(12),(13),(23)\}$ である．

なお，$\mathrm{Z}(G)\subset \mathrm{Z}_G(x)$ だが，(12) は (123) と可換ではないので，$(12)\notin \mathrm{Z}(G)$ である．したがって，$\mathrm{Z}(G)=\{1\}$ である． ◇

4.2 対称群の共役類

この節では対称群の共役類について解説する．そのためには，置換を巡回置換の積で表すことが必要になるが，その例から考える．

$$\sigma=\begin{pmatrix}1&2&3&4&5&6&7\\6&2&4&7&1&5&3\end{pmatrix}\in\mathfrak{S}_7$$

とする．これを巡回置換の積で表したい．それには，例えば 1 から始めて，巡回するまで続ける．この場合は，σ により，$1\to6\to5\to1$ となり，これらの数字の置換に他の数字は関係しない．そこで，$\{1,5,6\}$ に含まれない数，例えば 2 を考える．すると，σ により，$2\to2$ となる．次に 3 を考えると，$3\to4\to7\to3$ となる．これで数字はすべてなので，$\boldsymbol{\sigma=(165)(2)(347)}$ と巡回置換の積に書ける．このとき，σ は単に巡回置換の積で書けただけでなく，各巡回置換に共通する数はない．

この議論を一般化するが，帰納法で証明するために，いくぶん一般的な状況を考える．X を有限集合とする．$\{x_1,\cdots,x_l\}\subset X$ とするとき，X の置換 σ が $\sigma(x_1)=x_2$，$\cdots$，$\sigma(x_{l-1})=x_l$，$\sigma(x_l)=x_1$ で他の X の元を不変にするとき，やはり巡回置換といい，$(x_1\cdots x_l)$ と書く．$\tau=(y_1\cdots y_k)$ も巡回置換であるとき，$\{x_1,\cdots,x_l\}\cap\{y_1,\cdots,y_k\}=\emptyset$ なら，これらには共通する元がないという．

命題 4.2.1 σ が有限集合 X の置換なら，共通する元のない巡回置換 $\sigma_1,\cdots,\sigma_m$ で X の元はすべてこれらに現れるものがあり，$\sigma=\sigma_1\cdots\sigma_m$ と表せる．このとき，$\sigma_1,\cdots,\sigma_m$ は順序を除いて一意的である．また $1\leqq i\neq$

$j \leqq m$ なら，$\sigma_i\sigma_j = \sigma_j\sigma_i$ である．

証明　$|X|$ に関する帰納法を使う．σ を X の置換とする．$x_1 \in X$ とするとき，l を $\sigma^l(x_1) = x_1$ となる最小の正の整数とする．X の置換群は有限群なので，$\sigma^r(x_1) = x_1$ となる $r > 0$ が存在する．したがって，そのような l は存在する．

$x_2 = \sigma(x_1)$，$\cdots$，$x_l = \sigma^{l-1}(x_1)$ とおく．もし $0 \leqq k_1 < k_2 \leqq l-1$ に対して $\sigma^{k_1}(x_1) = \sigma^{k_2}(x_1)$ なら，$\sigma^{k_2-k_1}(x_1) = x_1$ となり，l のとりかたに矛盾する．したがって，$x_1,\cdots,x_l$ はすべて異なる．$Y = X\setminus\{x_1,\cdots,x_l\}$ とすれば，$|Y| < |X|$ である．σ は Y の置換を引き起こすので，帰納法により σ の Y への制限は共通する元のない巡回置換の積に表せる．よって，σ 自身も共通する元のない巡回置換の積である．

σ を共通する元のない巡回置換の積として表したとき，$(x_1 \cdots x_l)$ がそのなかに現れる巡回置換なら，$\{x_1,\cdots,x_l\}$ は σ で生成される群の軌道になっている．σ による X の元の軌道の集合は σ にのみ依存するので，σ に現れる巡回置換は順序を除いて一意的に定まる．

τ,ν が共通する元のない巡回置換なら，明らかに $\tau\nu = \nu\tau$ である．　□

例 2.1.15 の前で定義したように，l 個の数の巡回置換 $(i_1 \cdots i_l)$ を，**長さ l の巡回置換**という．σ を共通する元のない巡回置換の積に書くとき，長さが大きい順に

$$\sigma = (i_{11} \cdots i_{1l_1})\cdots(i_{t1} \cdots i_{tl_t}) \qquad l_1 \geqq l_2 \geqq \cdots \geqq l_t$$

と表すことができる．このとき，$(l_1,\cdots,l_t)$ を σ の**型**とよぶことにする．例えば，$\sigma \in \mathfrak{S}_{10}$ で $\boldsymbol{\sigma = (1234)(567)(89)}$ なら，σ の型は $(4,3,2,1)$ である（10 は不変なので書かなくてもよいが，型を考えるときには考慮する必要がある）．

$\mathfrak{S}_n$ の元の置換の型は次のような図形で表すことができる．

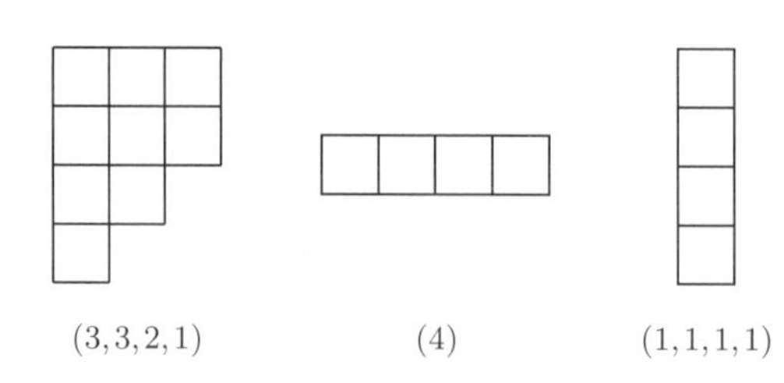

このような図形を **ヤング (Young) 図形**という．例えば，一番左のヤング図形に対応する型は $(3,3,2,1)$ である．$n=2,3$ の場合のヤング図形はそれぞれ 2,3 個あり，以下のようになる．

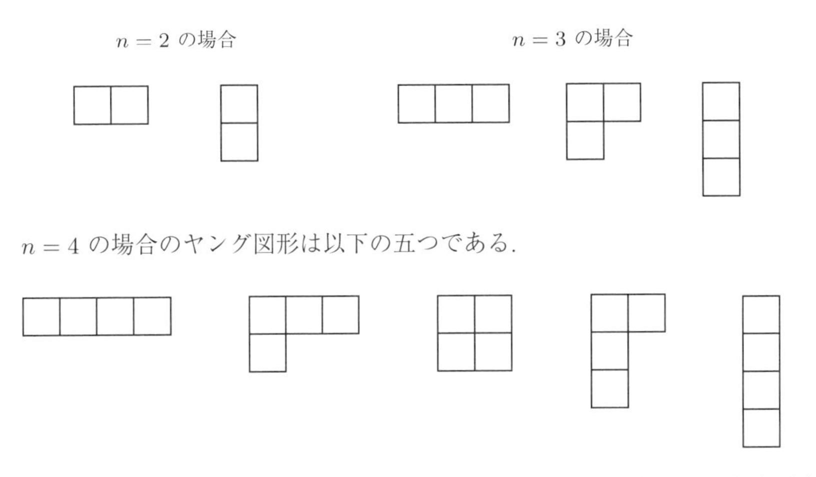

$n=4$ の場合のヤング図形は以下の五つである．

以下，対称群の共役類が置換の型，あるいはヤング図形で定まることを示す．

補題 4.2.2 $(i_1 \cdots i_l) \in \mathfrak{S}_n$ を巡回置換，$\sigma \in \mathfrak{S}_n$ とすると，

$$\sigma(i_1 \cdots i_l)\sigma^{-1} = (\sigma(i_1) \cdots \sigma(i_l)).$$

証明 $\tau = (i_1 \cdots i_l)$ とおく．$1 \leqq m \leqq n$ で $\sigma^{-1}(m) \notin \{i_1, \cdots, i_l\}$ なら，$\tau\sigma^{-1}(m) = \sigma^{-1}(m)$ なので，$\sigma\tau\sigma^{-1}(m) = m$ である．$m = \sigma(i_j)$ $(j = 1, \cdots, l)$ なら，$\sigma\tau\sigma^{-1}(m) = \sigma\tau(i_j) = \sigma(i_{j+1})$ である．ただし，便宜上 $i_{l+1} = i_1$ とする．したがって，$\sigma\tau\sigma^{-1} = (\sigma(i_1) \cdots \sigma(i_l))$ である． □

> **定理 4.2.3** $\boldsymbol{\sigma}, \boldsymbol{\tau} \in \mathfrak{S}_n$ であるとき，$\boldsymbol{\sigma}, \boldsymbol{\tau}$ が共役であることと，$\boldsymbol{\sigma}, \boldsymbol{\tau}$ の型が等しいことは同値である．

証明 補題 4.2.2 より，σ, τ が共役なら，σ, τ の型は等しい．逆に，σ, τ の型が等しいとする．$(l_1, \cdots, l_t)$ をその型とするとき，σ, τ を

$$\sigma = (i_{11} \cdots i_{1l_1}) \cdots (i_{t1} \cdots i_{tl_t}), \qquad \tau = (j_{11} \cdots j_{1l_1}) \cdots (j_{t1} \cdots j_{tl_t})$$

と表すことができる．$\nu \in \mathfrak{S}_n$ を

$$\nu(i_{11}) = j_{11},\ \cdots,\ \nu(i_{1l_1}) = j_{1l_1},\ \cdots,\ \nu(i_{t1}) = j_{t1},\ \cdots,\ \nu(i_{tl_t}) = j_{tl_t}$$

となる置換とすれば，やはり補題 4.2.2 より，$\nu\sigma\nu^{-1} = \tau$ である． □

例 4.2.4　$G = \mathfrak{S}_3$ なら共役類は $1, (12), (123)$ で代表され 3 個ある．$G = \mathfrak{S}_4$ なら共役類は $1, (12), (123), (1234), (12)(34)$ で代表され 5 個ある． ◇

例 4.2.5　$G = \mathfrak{S}_4$ とする．$N = \{1, (12)(34), (13)(24), (14)(23)\}$ とおく．

$$(12)(34)(13)(24) = (13)(24)(12)(34) = (14)(23),$$
$$(12)(34)(14)(23) = (14)(23)(12)(34) = (13)(24),$$
$$(13)(24)(14)(23) = (14)(23)(13)(24) = (12)(34),$$

なので，N は G の部分群である．N を**クライン (Klein) の四元群**という．N は (12)(34) という型のすべての置換と単位元よりなるので，定理 4.2.3 より G の正規部分群である．

$\mathfrak{S}_3$ は 4 を不変にする $\{1,2,3,4\}$ の置換全体とみなして $\mathfrak{S}_4$ の部分群になる．$\mathfrak{S}_3 \to G \to G/N$ は準同型である．$\mathfrak{S}_3 \cap N = \{1\}$ なので，この準同型は単射である．$|G| = 24$, $|N| = 4$, $|\mathfrak{S}_3| = 6$ なので，準同型 $\mathfrak{S}_3 \to G/N$ は同型である． ◇

> **例題 4.2.6**　$\sigma = (254)(196)(37)$，$\tau = (236)(178)(49) \in \mathfrak{S}_9$ とするとき，$\nu\sigma\nu^{-1} = \tau$ となる $\nu \in \mathfrak{S}_9$ を一つ求めよ．また，この条件を満たす ν は何個あるか？

解答　例えば

$$\nu = \begin{pmatrix} 2 & 5 & 4 & 1 & 9 & 6 & 3 & 7 & 8 \\ 2 & 3 & 6 & 1 & 7 & 8 & 4 & 9 & 5 \end{pmatrix} = \begin{pmatrix} 1 & 2 & 3 & 4 & 5 & 6 & 7 & 8 & 9 \\ 1 & 2 & 4 & 6 & 3 & 8 & 9 & 5 & 7 \end{pmatrix}$$

は条件を満たす．上の条件を満たす ν は

(1)　$\{2,5,4\} \to \{2,3,6\}$，$\{1,9,6\} \to \{1,7,8\}$，$\{3,7\} \to \{4,9\}$ と移すか，

(2)　$\{2,5,4\} \to \{1,7,8\}$，$\{1,9,6\} \to \{2,3,6\}$，$\{3,7\} \to \{4,9\}$ と移す．

(1) の場合，$(\nu(2)\nu(4)\nu(5)) = (236)$ とならなければならないので，$\nu(2)$ が定まれば $\nu(4), \nu(5)$ は定まってしまう．例えば，$\nu(2) = 3$ なら $\nu(4) = 6$，$\nu(5) = 2$ である．したがって，$\nu(2), \nu(4), \nu(5)$ の可能性は 3 通りである．$\{1,9,6\}, \{3,7\}$ についても同様なので，(1) の場合の ν は $3 \times 3 \times 2 = 18$ 個ある．(2) の場合も同様なので，ν は合計 36 個ある． □

例題 4.2.7　$G = A_4$ の共役類をすべて求めよ．

解答　$\mathfrak{S}_4$ の共役類は $1, (12), (123), (1234), (12)(34)$ で代表されている．これらのうち A_4 の元であるのは $1, (123), (12)(34)$ である．補題 4.2.2 より $(123)(12)(34)(132) = (14)(23)$, $(132)(12)(34)(123) = (13)(24)$ である．したがって，$(12)(34)$ の A_4 における軌道も $\{(12)(34), (13)(24), (14)(23)\}$ である．

A_4 の共役による作用を考え，H を (123) の安定化群とする．明らかに $\langle(123)\rangle \subset H$ である．$\nu \in H$ なら，定義より $\nu(123)\nu^{-1} = (123)$ である．この置換の 4 での値を考えると，(123) は 4 を不変にするので，$(123)\nu^{-1}(4) = \nu^{-1}(4)$ である．(123) が不変にするのは 4 だけなので，$\nu^{-1}(4) = 4$ である．よって，ν は集合 $\{1,2,3\}$ を不変にし，ν は $\{1,2,3\}$ の置換である．ν は偶置換なので，$\nu \in \langle(123)\rangle$ となり，$H = \langle(123)\rangle$ である．したがって，(123) の共役は $12/3 = 4$ 個の元よりなる．

$\mathfrak{S}_4$ の位数 3 の元は $\{1,2,3,4\}$ の 3 個の数字の巡回置換でありすべて A_4 の元である．上の考察は (123) でなくてもよいので，A_4 の任意の位数 3 の元の共役類は 4 個の元よりなる．$\sigma \in A_4$ を位数 3 の元とする．$\sigma(1) = 1$ なら，$\nu = (14)(23)$ とすると $\nu\sigma\nu^{-1}(4) = 4$ である．$\sigma(2) = 2$, $\sigma(3) = 3$ の場合も同様なので，σ は (123) か (132) に共役である．

位数 3 の元の個数は $\{1,2,3,4\}$ から 3 個の数字を選ぶ組み合わせの数 4 と単位元以外の 3 個の数字の巡回置換の数 2 ((123) と (132) というように) の積 8 である．よって，(123) と (132) は A_4 において共役ではない．したがって，$\{1, (123), (132), (12)(34)\}$ が A_4 の共役類の完全代表系である．□

4.3　交換子群と可解群

この節では，II–4.11 節で解説する方程式の可解性に対応する可解群の概念，および関連する概念である，べき零群の概念について扱う．

定義 4.3.1　G を群とする．

(1)　$a, b \in G$ に対し，$\boldsymbol{[a,b] = aba^{-1}b^{-1}}$ とおき，a, b の**交換子**という．

(2) $H, K \subset G$ が部分群なら，$\{[a,b] \mid a \in H,\ b \in K\}$ で生成される G の部分群を $[H,K]$ と書く．

(3) $D(G) \stackrel{\text{def}}{=} [G,G]$ を G の**交換子群**という．◇

命題 4.3.2 (1) $H, K \lhd G$ なら，$[H,K] \lhd G$．特に $[G,G] \lhd G$ である．

(2) $G/[G,G]$ はアーベル群である．また，$N \lhd G$ であり G/N がアーベル群なら，$[G,G] \subset N$．

証明 (1) $a \in H,\ b \in K,\ g \in G$ なら，

$$g[a,b]g^{-1} = gag^{-1}gbg^{-1}(gag^{-1})^{-1}(gbg^{-1})^{-1} = [gag^{-1}, gbg^{-1}].$$

$H, K \lhd G$ なので，$gag^{-1} \in H,\ gbg^{-1} \in K$ である．$[H,K]$ は $[a,b]$ $(a \in H, b \in K)$ という形をした元で生成されているので，命題 2.8.7 より $[H,K] \lhd G$ である．

(2) $\pi : G \to G/[G,G]$ を自然な準同型とする．$a, b \in G$ なら，$aba^{-1}b^{-1} \in [G,G]$ である．よって，$\pi(a)\pi(b)\pi(a)^{-1}\pi(b)^{-1}$ は $[G,G]$ の単位元である．したがって，$\pi(a)\pi(b) = \pi(b)\pi(a)$ である．π は全射なので，$G/[G,G]$ はアーベル群である．

$\phi : G \to G/N$ を自然な準同型とする．$a, b \in G$ なら，$\phi([a,b]) = [\phi(a), \phi(b)]$ である．G/N はアーベル群なので，$\phi([a,b]) = 1_{G/N}$ である．したがって，$[a,b] \in \mathrm{Ker}(\phi) = N$ である．$[G,G]$ は $[a,b]$ $(a, b \in G)$ という形の元で生成されるので，$[G,G] \subset N$ である．□

交換子群の例は可解群を定義してから解説する．3 章でも述べたように，以下定義する群の可解性は方程式論と関連してとても重要である．

定義 4.3.3 G を群とする．

(1) G の部分群の列 $G = G_0 \supset G_1 \supset \cdots \supset G_n = \{1\}$ があり，$i = 0, \cdots, n-1$ に対し，$G_{i+1} \lhd G_i$ で G_i/G_{i+1} がアーベル群となるとき，G を**可解群**という．

(2) G の部分群の列 $G = G_0 \supset G_1 \supset \cdots \supset G_n = \{1\}$ があり，$i = 0, \cdots, n-1$ に対し，$G_{i+1} \lhd G$ で G_i/G_{i+1} が G/G_{i+1} の中心に含まれるなら，G を**べき零群**という．◇

命題 4.3.4 (1) べき零群は可解群である.

(2) $G \neq \{1\}$ がべき零群なら, $\mathrm{Z}(G) \neq \{1\}$ である.

(3) G が群, $N \lhd G$ であり, $G/N, N$ が可解とする. このとき, G も可解である.

証明 (1) G をべき零群とする. $G_{i+1} \lhd G$ なら当然 $G_{i+1} \lhd G_i$ である. $[G, G_i] \subset G_{i+1}$ なので, 特に $[G_i, G_i] \subset G_{i+1}$ となり, G_i/G_{i+1} はアーベル群である. したがって, G は可解群である.

(2) $G_i \neq \{1\}$ となる最大の i を考えれば, $G_i = G_i/G_{i+1}$ は $G/G_{i+1} = G$ の中心に含まれる. よって, $\mathrm{Z}(G) \neq \{1\}$ である.

(3) $H_0 = G/N \supset H_1 \supset \cdots \supset H_n = \{1_{G/N}\}$, $K_0 = N \supset K_1 \supset \cdots \supset K_m = \{1_G\}$, $H_{i+1} \lhd H_i$, $K_{j+1} \lhd K_j$ で $i = 0, \cdots, n-1, j = 0, \cdots, m-1$ に対し $H_i/H_{i+1}, K_j/K_{j+1}$ はアーベル群とする. $\pi : G \to G/N$ を自然な写像とすると,

$$\pi^{-1}(H_0) = G \supset \pi^{-1}(H_1) \supset \pi^{-1}(H_n) = N = K_0 \supset K_1 \supset \cdots K_m = \{1_G\}$$

は G の部分群の列である. 定理 2.10.4 (2) より, $\pi^{-1}(H_i)/\pi^{-1}(H_{i+1}) \cong H_i/H_{i+1}$ である. すべての i, j に対して $H_i/H_{i+1}, K_j/K_{j+1}$ はアーベル群なので, G は可解である. □

例 4.3.5 (可解群 1) アーベル群は明らかにべき零群かつ可解群である. ◇

例 4.3.6 (可解群 2) $G = \mathfrak{S}_3$ とする. $N = \langle (123) \rangle$ とすれば, 例 2.8.5, 2.8.9 より, $N \lhd G$ である. $(G : N) = 2$ なので, $G/N \cong \mathbb{Z}/2\mathbb{Z}$ はアーベル群である. N はアーベル群なので, **$\mathfrak{S}_3$ は可解群である**. G の中心は自明であることを例 4.1.31 で示した. したがって, **$\mathfrak{S}_3$ はべき零群ではない**. ◇

例 4.3.7 (可解群 3) $G = \mathfrak{S}_4$, $N = \{1, (12)(34), (13)(24), (14)(23)\}$ とする (クラインの四元群, 例 4.2.5 参照). 例 4.2.5 で $N \lhd G$, $G/N \cong \mathfrak{S}_3$ であることを示した.

$\mathfrak{S}_3$ は可解群なので, **$\mathfrak{S}_4$ は可解群である**. $\mathfrak{S}_4$ の中心が自明であることを示せば, $\mathfrak{S}_4$ がべき零でないことがわかる. これは演習問題 4.2.5 とする. ◇

例 4.3.8 (べき零群)

$$G=\left\{\begin{pmatrix}1 & u_1 & u_2\\ 0 & 1 & u_3\\ 0 & 0 & 1\end{pmatrix}\middle|\, u_1,u_2,u_3\in\mathbb{C}\right\},\qquad G_1=\left\{\begin{pmatrix}1 & 0 & u_4\\ 0 & 1 & 0\\ 0 & 0 & 1\end{pmatrix}\middle|\, u_4\in\mathbb{C}\right\}$$

とおく．また，便宜上 $G_2=\{I_3\}$ とする．簡単な計算で

$$\begin{pmatrix}1 & u_1 & u_2\\ 0 & 1 & u_3\\ 0 & 0 & 1\end{pmatrix}\begin{pmatrix}1 & 0 & u_4\\ 0 & 1 & 0\\ 0 & 0 & 1\end{pmatrix}=\begin{pmatrix}1 & 0 & u_4\\ 0 & 1 & 0\\ 0 & 0 & 1\end{pmatrix}\begin{pmatrix}1 & u_1 & u_2\\ 0 & 1 & u_3\\ 0 & 0 & 1\end{pmatrix}=\begin{pmatrix}1 & u_1 & u_2+u_4\\ 0 & 1 & u_3\\ 0 & 0 & 1\end{pmatrix}$$

である．したがって，$G_1\subset \mathrm{Z}(G)$ である．これより $G_1\triangleleft G$ であり，G/G_1 の任意の元が (1,3)-成分が 0 である元で代表されることもわかる．また，$G/G_2=G$ において G_1/G_2 が G/G_2 の中心に含まれることもわかる．

$$\begin{pmatrix}1 & u_1 & 0\\ 0 & 1 & u_3\\ 0 & 0 & 1\end{pmatrix}\begin{pmatrix}1 & u_1' & 0\\ 0 & 1 & u_3'\\ 0 & 0 & 1\end{pmatrix}=\begin{pmatrix}1 & u_1+u_1' & *\\ 0 & 1 & u_3+u_3'\\ 0 & 0 & 1\end{pmatrix}$$

なので，G/G_1 は可換である．したがって，G はべき零群である．この例では 3×3 行列を考えたが，$n\times n$ 行列でも同様である．これは演習問題 4.3.2 とする．◇

G を群とするとき，$\boldsymbol{D_1(G)=[G,G]}$，$\boldsymbol{D_{i+1}(G)=[D_i(G),D_i(G)]}$ $(i=1,2,\cdots)$ と定義すると，

$$\boldsymbol{G\supset D_1(G)\supset D_2(G)\supset\cdots}$$

である．これを G の**交換子列**という．

また，$\boldsymbol{Z_1(G)=[G,G]}$，$\boldsymbol{Z_{i+1}(G)=[G,Z_i(G)]}$ $(i=1,2,\cdots)$ と定義すると，

$$G\supset Z_1(G)\supset Z_2(G)\supset\cdots$$

である．これを G の**中心化列**という．

命題 4.3.9　G を群とすると，次の (1), (2) が成り立つ．

(1)　G が可解群であることと $D_n(G)=\{1_G\}$ となる $n>0$ があることは同値である．

(2)　G がべき零群であることと $Z_n(G)=\{1_G\}$ となる $n>0$ があることは同値である．

証明　(1)　$G=G_0\supset G_1\supset\cdots\supset G_n=\{1\}$ を定義 4.3.3 (1) の部分群の列と

する．G_i/G_{i+1} はアーベル群なので，命題 4.3.2 (2) より $D(G_i) \subset G_{i+1}$ である．したがって，帰納的に $D_i(G) \subset G_i$ がわかる．$G_n = \{1\}$ なので，$D_n(G) = \{1\}$ である．

逆に $D_n(G) = \{1\}$ とする．$G_0 = G$ とし，$i = 1, \cdots, n$ に対し，$G_i = D_i(G)$ とおく．すると $G = G_0 \supset G_1 \supset \cdots \supset G_n = \{1\}$ である．交換子群は正規部分群なので，$G_{i+1} \lhd G_i$ $(i = 0, \cdots, n-1)$ である．さらに命題 4.3.2 (2) より $G_i/G_{i+1} = G_i/[G_i, G_i]$ は可換なので，G は可解群である．

(2) $G = G_0 \supset G_1 \supset \cdots \supset G_n = \{1_G\}$ を 定義 4.3.3 (2) の列とする．G_i/G_{i+1} は G/G_{i+1} の中心に含まれるので，$[G, G_i] \subset G_{i+1}$ となる．したがって，帰納的にすべての i に対し $Z_i(G) \subset G_i$ であることがわかる．$G_n = \{1_G\}$ なので，$Z_n(G) = \{1_G\}$ である．

逆に $Z_n(G) = \{1_G\}$ とする．$G_0 = G$ とし，$i = 1, \cdots, n$ に対し $G_i = Z_i(G)$ とおく．$[G, Z_i] = Z_{i+1}$, $G_i/G_{i+1} = Z_i/Z_{i+1}$ は $G/G_{i+1} = G/Z_{i+1}$ の中心に含まれるので，G はべき零群である． □

方程式論で，5 次方程式が根号で解けないということは，$A_5, \mathfrak{S}_5$ が可解群でないということによる．これらの群が可解でないということは 4.9 節で証明する．ここでは単純群という概念を導入する．

定義 4.3.10 自明でない群 G が正規部分群を持たないなら，G を**単純群**という． ◇

次の命題は単純群の定義より明らかである．

命題 4.3.11 G が非可換単純群なら，可解群ではない．

G がアーベル群なら，次の命題が成り立つ．

命題 4.3.12 G が可換単純群なら，素数 p があり，$G \cong \mathbb{Z}/p\mathbb{Z}$ となる．

証明 加法的な記号を用いる．

G の任意の部分群は正規部分群である．よって，$x \in G \setminus \{0\}$ なら，$\langle x \rangle = G$ となり，G は巡回群である．準同型 $\phi : \mathbb{Z} \to G$ を $\phi(n) = nx$ と定める．する

と，ϕ は全射である．x の位数が無限なら，ϕ は単射で $G \cong \mathbb{Z}$ である．例えば $2\mathbb{Z} \subset \mathbb{Z}$ なので，G は単純群ではない．よって，x の位数を $d < \infty$ とする．$\mathrm{Ker}(\phi) = d\mathbb{Z}$ で $G \cong \mathbb{Z}/d\mathbb{Z}$ となる．もし d が素数でなければ，整数 $a,b > 1$ があり，$d = ab$ となる．x^a の位数は b なので，$\langle x^a \rangle \subsetneq G$ は自明でない部分群である．これは矛盾なので，d は素数である．□

なお，p が素数なら，命題 2.6.22 より $\mathbb{Z}/p\mathbb{Z}$ は単純群である．

4.4　p 群

位数が素数べきである群は，次節で解説するシローの定理とも関連して重要である．この節ではそのような群について解説する．この節では p を素数とする．

定義 4.4.1　p を素数とする．G が有限群で $|G|$ が p べき，つまり p^e (e は正の整数) という形であるとき，G を $\boldsymbol{p}$ **群**という．◇

例 4.4.2　$\mathbb{Z}/p^n\mathbb{Z}$ ($n > 0$ は整数) は p 群である．このような形の群の有限個の直積も p 群である．$|D_4| = 8 = 2^3$ なので，D_4 は p 群である．◇

命題 4.4.3　G が p 群なら $\mathrm{Z}(G) \neq \{1_G\}$ である．

証明　$|G| = p^e > 1$ とする．類等式は，x が共役類の完全代表系の元を表し $C(x)$ を x の共役類とすると，$|G| = p^e = \sum |C(x)|$ という形をしている．1_G の共役類は 1_G だけよりなるので，右辺には 1 が必ず現れる．もし $\mathrm{Z}(G) = \{1_G\}$ なら，定理 4.1.29 (1) より右辺に 1 は 1 回しか現れない．$|C(x)|$ は p^e の約数なので，$|C(x)| \neq 1$ なら $|C(x)|$ は p の倍数である．よって，$\boldsymbol{p^e = 1 + p}$ **の倍数の和**となるので矛盾である．したがって，$\mathrm{Z}(G) \neq \{1_G\}$ である．□

この命題より p 群がべき零群であることがわかるが，それは演習問題 4.4.1 とする．

> **命題 4.4.4** G が有限群で $|G| = p^2$ (p は素数) なら，G はアーベル群である．

証明 $\mathrm{Z}(G) \neq G$ として矛盾を導く．命題 4.4.3 より $\mathrm{Z}(G) \neq \{1_G\}$ であり，$|\mathrm{Z}(G)|$ は $|G| = p^2$ の約数なので，$|\mathrm{Z}(G)| = p$ である．$x \notin \mathrm{Z}(G)$ をとる．$\mathrm{Z}(G) \subset \mathrm{Z}_G(x)$ だが，x は自分自身と可換なので，$x \in \mathrm{Z}_G(x)$ である．したがって，$\mathrm{Z}_G(x)$ は $\mathrm{Z}(G)$ より真に大きい．よって，$|\mathrm{Z}_G(x)| > p$ である．$|\mathrm{Z}_G(x)|$ は p^2 の約数なので，$|\mathrm{Z}_G(x)| = p^2$，つまり $\mathrm{Z}_G(x) = G$ となる．これは $x \in \mathrm{Z}(G)$ となることを意味するので，$x \notin \mathrm{Z}(G)$ とした仮定に矛盾する． □

4.5 シローの定理

この節ではシローの定理を証明する．シローの定理は有限群の性質を調べる上で基本的な役割を果たす．最初に，シローの定理の証明に必要な，部分集合への作用について解説する．**この節では群は有限群であると仮定する．**

群 G が集合 X に左から作用するとする．$Y = \mathscr{P}(X)$ を X のすべての部分集合よりなる集合とする．例えば $X = \{1,2,3\}$ なら，

$$Y = \{\emptyset, \{1\}, \{2\}, \{3\}, \{1,2\}, \{1,3\}, \{2,3\}, \{1,2,3\}\}$$

である．このとき，$g \in G,\ S \in Y$ に対し $\boldsymbol{gS = \{gx \mid x \in S\}}$ と定義することにより，G の Y への左作用が定まる．右作用の場合も同様である．右作用の場合，S^g などとも書く．これを G の X への作用から引き起こされた作用という．

注 4.5.1 G の自分自身への左からの積による作用を考える場合，G の $\mathscr{P}(G)$ への作用を考えることができる．$S \subset G$ を部分集合とすると，G による作用の軌道を考えることができる．その場合，軌道を GS と書くと，部分集合 $\{gx \mid g \in G,\ x \in S\}$ と混同の恐れがある (S の軌道はこの集合ではない)．だから，**部分集合の集合への作用を考えるときには，軌道のことを $\boldsymbol{O(S)}$ と書くことにする．また，$\boldsymbol{S}$ の安定化群のことも $\mathbf{Stab}(\boldsymbol{S})$ と書くことにする．** 詳しく書くと，$O(S) = \{\{gx \mid x \in S\} \mid g \in G\} \subset Y$ である． ◇

例 4.5.2 (部分集合の集合への作用 1) $G = \mathfrak{S}_4$，$X = \{1,2,3,4\}$ とし，G の

X への自然な左作用を考える.

$$\sigma = (143), \qquad S_1 = \{1,3\}, \qquad S_2 = \{2,3,4\}$$

なら, $\sigma S_1 = \{4,1\} = \{1,4\}$, $\sigma S_2 = \{2,1,3\} = \{1,2,3\}$ である. ◇

例 4.5.3 (部分集合の集合への作用 2)　部分集合の集合への作用による軌道の例を考える. $G = \mathfrak{S}_3$, $X = G$, Y を元の個数が 2 の X の部分集合全体の集合とする. G は X に左からの積により作用するので, Y にも作用する.

$S = \{(12),(123)\}$ とする. 計算により

$$1_{\mathfrak{S}_3}S = S, \quad (12)S = \{1_{\mathfrak{S}_3},(23)\}, \quad (13)S = \{(123),(12)\},$$
$$(23)S = \{(132),(13)\}, \quad (123)S = \{(13),(132)\}, \quad (132)S = \{(23),1_{\mathfrak{S}_3}\}$$

となる. したがって, S の軌道は

$$\begin{aligned} O(S) &= \left\{ \begin{matrix} \{(12),(123)\},\{1_{\mathfrak{S}_3},(23)\},\{(123),(12)\}, \\ \{(132),(13)\},\{(13),(132)\},\{(23),1_{\mathfrak{S}_3}\} \end{matrix} \right\} \\ &= \big\{\{(12),(123)\},\{1_{\mathfrak{S}_3},(23)\},\{(13),(132)\}\big\} \end{aligned}$$

である. ◇

命題 4.5.4　有限群 G の, G の部分集合の集合への左からの積による作用を考える. このとき, $S \subset G$ に対し, $|\mathrm{Stab}(S)|$ は $|S|$ の約数である.

証明　$n = |S|$, $H = \mathrm{Stab}(S)$, X を元の個数が n である G の部分集合全体の集合とする. $h \in H$ なら $h \cdot S = S$ なので, 集合 S は H の元の作用により不変である. したがって, $\boldsymbol{H}$ **の** $\boldsymbol{G}$ ($\mathscr{P}(S)$ ではない) への作用を考えると, S は H による軌道 (**$\boldsymbol{S \in X}$ と考えての軌道ではなく, $\boldsymbol{G}$ での軌道である. ここは学生諸君が混乱するところである**) の和である. H による G での軌道は H による右剰余類のことである. よって, $S = \coprod_i Hs_i$ と書くと, $|S| = \sum_i |Hs_i|$ だが, $|Hs_i| = |H|$ なので, $|S|$ は $|H| = |\mathrm{Stab}(S)|$ で割り切れる. □

$|\mathrm{Stab}(S)|$ は $|G|, |S|$ 両方の約数なので, 次の系が従う.

系 4.5.5　上の状況で $|S|$ と $|G|$ が互いに素なら, $\mathrm{Stab}(S) = \{1_G\}$.

ここまでの考察では，群の積による作用を群の部分集合について考えた．シローの定理の証明のためのもう一つの準備として，部分群の共役の数と正規化群との関係について考察する．

群 G の G への共役による作用を考える (例 4.1.16 参照)．この作用により，G の部分集合の集合への作用も引き起こされる．もし $g \in G$ で $H \subset G$ が部分群なら，$H \ni h \mapsto ghg^{-1} \in gHg^{-1}$ は g による内部自己同型 i_g (定義 2.5.21) の H への制限なので，$gHg^{-1} \subset G$ も部分群であり，この写像は群の同型である．元の場合と同様に，部分群 H, gHg^{-1} は**共役**であるという．部分群 H と共役な部分群全体の集合を H の**共役類**という．上の考察により，H の共役類は，G の共役による部分群の集合への作用を考えたときの，H の軌道である．H における安定化群は $gHg^{-1} = H$ を満たす g 全体の集合なので，H の正規化群 $\mathrm{N}_G(H)$ (定義 4.1.27) である．よって，命題 4.1.24 より次の命題を得る．

> **命題 4.5.6** H を群 G の部分群とするとき，H と共役な部分群の数は $|G/N_G(H)|$．さらに $|G| < \infty$ なら，これは $|G|/|N_G(H)|$ に等しい．

これで準備ができたので，シローの定理についての解説を始める．

$\boldsymbol{G}$ **を有限群，** $\boldsymbol{n = |G|}$**，** $\boldsymbol{p}$ **を** $\boldsymbol{n}$ **の素因数とし，**p^a $(a > 0)$ を n を割り切る p の最大のべきとする．つまり，$\boldsymbol{n = p^a m}$ **で** $\boldsymbol{m}$ **は** $\boldsymbol{p}$ **と互いに素である．**

> **定理 4.5.7 (シローの定理)** 上の状況で次の (1)–(4) が成り立つ．
>
> (1) G の部分群 H で $|H| = p^a$ となるものがある．このような部分群 H を**シロー** $\boldsymbol{p}$ **部分群**という．
>
> (2) シロー p 部分群 H を一つ固定する．$K \subset G$ が部分群で $|K|$ が p べきなら，$g \in G$ があり，$K \subset gHg^{-1}$ となる．特に，K を含む G のシロー p 部分群がある．
>
> (3) $\boldsymbol{G}$ **のすべてのシロー** $\boldsymbol{p}$ **部分群は共役である．**
>
> (4) シロー p 部分群の数 s は $\boldsymbol{s = |G|/|\mathrm{N}_G(H)| \equiv 1 \mod p}$ という条件を満たす．

証明 (1) X を元の個数が p^a である G の部分集合全体の集合とする．$|X|$

が p で割り切れないことをとりあえず認める．すると，X は G による軌道の直和 ((2.6.10) 参照) になるので，$S \in X$ があり，その軌道 $O(S)$ の元の個数が p で割り切れないものがある．$H = \mathrm{Stab}(S)$ とおく．命題 4.5.4 より $|H|$ は $|S| = p^a$ の約数である．$|O(S)| = |G|/|H| = p^a m/|H|$ は p で割り切れないので，$|H| = p^a$ でなければならない．よって，$|X|$ が p で割り切れないことを示せば，(1) の証明が完了する．

X の元の個数は n 個の元の集合から p^a 個の元を選ぶ組合せの数なので，

$$|X| = \binom{n}{p^a} = \frac{n(n-1)\cdot(n-p^a+1)}{p^a(p^a-1)\cdots 1} = \prod_{k=0}^{p^a-1} \frac{n-k}{p^a-k}$$

となる．

$0 \leqq k < p^a$ なら，$k = p^i l$ で l と p が互いに素とすると (つまり p^i が k を割る p の最大のべき)，$n-k = p^i(p^{a-i}m-l)$ となり，$k < p^a$ なので，$a-i > 0$ である．よって，$n-k$ を割る p の最大のべきも p^i である．また，$p^a-k = p^i(p^{a-i}-l)$ なので，p^a-k を割る p の最大のべきも p^i である．したがって，$(n-k)/(p^a-k)$ を既約分数で表したとき，分母分子に p は現れない．よって，$|X|$ は p で割り切れない．

(2), (3)　G のシロー p 部分群 H を一つ固定し，$Y = G/H$ とおく．$|Y| = |G|/|H| = m$ は p で割り切れない．K は左からの積により Y に作用する．Y は K による軌道の直和なので，剰余類 gH で，その K による軌道の元の個数 q が p で割り切れないものがある．しかし，q は $|K|$ の約数なので，$q = 1$ でないかぎり，p で割り切れる．よって，$q = 1$ である．これはすべての $k \in K$ に対し $kgH = gH$ であることを意味する．$kg \in gH$ なので，$k \in gHg^{-1}$ である．これがすべての $k \in K$ に対して成り立つので，$K \subset gHg^{-1}$ である．gHg^{-1} がシロー p 部分群であることは明らかなので，(2) が示せた．もし K もシロー p 部分群なら，$|K| = |gHg^{-1}|$ なので，$K = gHg^{-1}$ である．したがって，(3) が示せた．

(4)　$Z = \{H_1 = H, \cdots, H_s\}$ をシロー p 部分群全体の集合とする．H は Z に共役により作用する．$h \in H$ なら，$hHh^{-1} = H$ である．H のこの作用による H_i の軌道が一つの元からなるなら，$i = 1$ であることを示す．もし H_i の軌道が H_i だけなら，任意の $h \in H$ に対して $hH_ih^{-1} = H_i$ となる．これは $h \in \mathrm{N}_G(H_i)$ の定義なので，$H \subset \mathrm{N}_G(H_i)$ である．$\mathrm{N}_G(H_i)$ の定義より $H_i \lhd$

$\mathrm{N}_G(H_i)$ であり，$|\mathrm{N}_G(H_i)|$ は $|G|$ の約数なので，H, H_i は $\mathrm{N}_G(H_i)$ のシロー p 部分群である．(3) を $\mathrm{N}_G(H_i)$ に適用すると，$g \in \mathrm{N}_G(H_i)$ があり，$H = gH_ig^{-1}$ となるが，$H_i \lhd \mathrm{N}_G(H_i)$ なので，$H = H_i$ となる．よって，$i = 1$ である．

Z を H の作用による軌道の直和で表すと，$i \neq 1$ なら H_i の軌道の元の個数は $|H| = p^a$ の約数であり 1 より大きい．よって，p で割り切れる．H の軌道は一つの元よりなるので，$s \equiv 1 \mod p$ である．$s = |G|/|\mathrm{N}_G(H)|$ であることは命題 4.5.6 である． □

シローの定理は正規部分群の存在などを示すのに使う基本的な道具である．次の例題はシローの定理の典型的な応用である．

例題 4.5.8 G が位数 15 の有限群なら，$G \cong \mathbb{Z}/15\mathbb{Z}$ であることを証明せよ．

解答 H, K をそれぞれ G のシロー 3 部分群，シロー 5 部分群とする．$|H| = 3$, $|K| = 5$ は素数なので，$H \cong \mathbb{Z}/3\mathbb{Z}$, $K \cong \mathbb{Z}/5\mathbb{Z}$ である．シロー 3 部分群の数を s，シロー 5 部分群の数を t とすると，定理 4.5.7 (4) より $s \equiv 1 \mod 3$, $t \equiv 1 \mod 5$ である．$H \subset N_G(H)$, $K \subset N_G(K)$ なので，$(G : N_G(H))$, $(G : N_G(K))$ はそれぞれ $(G : H) = 5$, $(G : K) = 3$ の約数である．これらは素数なので，s,t の可能性はそれぞれ 1,5 および 1,3 である．$5 \not\equiv 1 \mod 3$, $3 \not\equiv 1 \mod 5$ なので，$s = t = 1$ である．よって，H, K の共役は H, K のみである．これは $H, K \lhd G$ を意味する．

$|H \cap K|$ は $|H| = 3$, $|K| = 5$ の約数なので 1 である．よって，$H \cap K = \{1_G\}$ である．$H, K \lhd G$ なので，$HK \subset G$ は部分群である (定理 2.10.3 (1))．$HK \supset H, K$ なので，$|HK|$ は 3,5 の公倍数である．$|HK| \leqq 15$ なので，$HK = G$ となる．命題 2.9.2 より $G \cong H \times K \cong \mathbb{Z}/3\mathbb{Z} \times \mathbb{Z}/5\mathbb{Z}$ である．定理 2.9.3 より $G \cong \mathbb{Z}/15\mathbb{Z}$ である． □

4.6 生成元と関係式

次節で位数 12 の群を分類するが，生成元と関係式で与えられた群を考える必要が出てくるので，生成元・関係式といった概念について解説する．

まず自由群 F_n について述べる．**自由群とは $\boldsymbol{n}$ 個の変数**(例えば $\boldsymbol{x_1,\cdots,x_n}$) **で生成され，これらの元にまったく関係がないような群のことである．**

以下，n 変数の自由群 F_n を定義する．変数は何でもよいが，n 個の変数を $x_1,\cdots,x_n$ とすることにする．$x_1,\cdots,x_n$ の長さ $m>0$ の**語**とは，$\{1,\cdots,m\}$ から

$$\{1,\cdots,n\}\times\{1,-1\}=\{(1,1),(1,-1),\cdots,(n,1),(n,-1)\}$$

への写像のことである．この写像の $1,\cdots,m$ での値が $(i_1,p_1),\cdots,(i_m,p_m)$ なら $(p_1,\cdots,p_m=\pm 1)$，この元を $\boldsymbol{x_{i_1}^{p_1}\cdots x_{i_m}^{p_m}}$ と書く．$x_1,\cdots,x_n$ の長さ 0 の語は一つだけあると定義し，それを 1 と書く．

$W_{n,m}$ を $x_1,\cdots,x_n$ の長さ m の語の集合とし，$W_n=\coprod_{m=0}^{\infty}W_{n,m}$ と定義する．W_n の元 $x_{i_1}^{p_1}\cdots x_{i_m}^{p_m}$ が途中で $x_ix_i^{-1}$ または $x_i^{-1}x_i$ という表現を含むとき，その部分を除いて新たな語を得ることを語の**縮約**という．例えば $x_1x_2x_2^{-1}x_1x_2\to x_1x_1x_2$ は縮約である．ただし，長さ 2 の語が $x_ix_i^{-1}$ または $x_i^{-1}x_i$ であるとき，縮約の結果は 1 であると定義する．語 y_1,y_2 が両方を縮約して (何もしないことも含む) 同じ語になるとき，y_1,y_2 は同値であるという．これは同値関係になる (証明は略)．W_n をこの同値関係で割った商を F_n と書く．

語とその語の同値類は正確には区別すべきだが，かえって煩わしいので，区別しないで使うことにする．以下ほとんど W_n ではなく F_n で考えるので問題は起きないだろう．また，語のなかで同じ文字が $x_1x_1x_1$ などと続くときには x_1^3 などと表すことにする．

以下，F_n に演算を定義する．F_n の任意の元 y に対し $y1=1y=y$ と定義する．長さ $m,l>0$ の語

$$y_1=x_{i_1}^{p_1}\cdots x_{i_m}^{p_m},\qquad y_2=x_{j_1}^{q_1}\cdots x_{j_l}^{q_l}\in W_n$$

を代表元に持つ F_n の二つの元に対し，その積を

$$x_{i_1}^{p_1}\cdots x_{i_m}^{p_m}x_{j_1}^{q_1}\cdots x_{j_l}^{q_l}$$

を代表元に持つ F_n の元とする．これが代表元の取りかたによらず定まることもわかり，F_n の演算になる．例えば，

$$(x_1x_2^{-1}x_3)(x_3^{-1}x_1x_2^2)=x_1x_2^{-1}x_1x_2^2$$

である．この演算により，F_n は 1 を単位元とする群になる (証明は略)．なお，$x_{i_1}^{p_1}\cdots x_{i_m}^{p_m}$ の逆元は $x_{i_m}^{-p_m}\cdots x_{i_1}^{-p_1}$ である．

定義 4.6.1 上のようにして定義した群 F_n を n 変数の**自由群**という. ◇

F_n は次の「普遍的な」性質を持つ.

定理 4.6.2 G を群, $g_1,\cdots,g_n \in G$ とする ($g_1,\cdots,g_n$ には重複があってもよい). このとき, n 変数の自由群 F_n から G への準同型 ϕ で, $\phi(x_i) = g_i$ が $i = 1,\cdots,n$ に対して成り立つものがただ一つある.

証明 $\phi(1) = 1_G$ と定義する. $m > 0$ なら, 語 $x_{i_1}^{p_1} \cdots x_{i_m}^{p_m}$ に対し

$$\phi(x_{i_1}^{p_1} \cdots x_{i_m}^{p_m}) = g_{i_1}^{p_1} \cdots g_{i_m}^{p_m}$$

と定義する. これが縮約で不変なことは, 群では任意の元 $g \in G$ に対し $gg^{-1} = g^{-1}g = 1_G$ であることからわかる. したがって, ϕ は well-defined である. ϕ が準同型であることは明らかである. F_n は $x_1,\cdots,x_n$ で生成されるので, ϕ は $\phi(x_1),\cdots,\phi(x_n)$ で決定される. □

次に**生成元と関係式で定義された群**について解説する. 例えば $\mathfrak{S}_3$ は $\sigma = (123)$, $\tau = (12)$ という二つの元で生成され, $\sigma^3 = \tau^2 = 1$, $\tau\sigma\tau = \sigma^{-1}$ という関係式を満たす. しかし, 例えば自明な群 $H = \{1\}$ で $\sigma = \tau = 1$ としても同じ関係式を満たす. このように, **ある生成元を持ち, それが与えられた関係式を満たすような群のなかで最大のものがないだろうか?** それを実現するのが, 生成元と関係式で与えられた群である.

F_n を n 変数 $\boldsymbol{x} = (x_1,\cdots,x_n)$ の自由群, $R_1(\boldsymbol{x}),\cdots,R_m(\boldsymbol{x})$ を有限個の F_n の元とする.

$$S = \{gR_i(\boldsymbol{x})g^{-1} \mid g \in F_n,\ i = 1,\cdots,m\}, \qquad N = \langle S \rangle \tag{4.6.3}$$

とおく. 系 2.8.8 より, N は $R_1(\boldsymbol{x}),\cdots,R_m(\boldsymbol{x})$ を含む最小の正規部分群である.

定義 4.6.4 F_n/N を $\langle x_1,\cdots,x_n \mid R_1(\boldsymbol{x}) = 1,\ \cdots,\ R_m(\boldsymbol{x}) = 1\rangle$ と書き, **生成元 $\boldsymbol{x_1,\cdots,x_n}$ と関係式 $\boldsymbol{R_1(x) = 1,\ \cdots,\ R_m(x) = 1}$ で定義された群**という. ◇

$x_1,\cdots,x_n$ の F_n/N における像も, 記号の乱用により $x_1,\cdots,x_n$ と書く. な

お，変数は $x_1,\cdots,x_n$ でなくても同様である．また，$\tau\sigma\tau = \sigma^{-1}$ というような関係式は，$\tau\sigma\tau\sigma = 1$ と解釈する．例えば，

$$\langle x,y \mid x^3 = y^2 = 1,\ yxy = x^{-1}\rangle = \langle x,y \mid x^3 = y^2 = 1,\ yxyx = 1\rangle$$

とみなす．

$R(\boldsymbol{x})$ が語，G が群で $y_1,\cdots,y_n \in G$ なら，定理 4.6.2 より，$x_1,\cdots,x_n$ に $y_1,\cdots,y_n$ を代入した G の元 $R(y_1,\cdots,y_n) \in G$ を考えることができる．上で定義した群は次の性質を持つ．

定理 4.6.5　G は n 個の生成元 $y_1,\cdots,y_n$ を持ち，関係式 $R_1(y_1,\cdots,y_n) = \cdots = R_m(y_1,\cdots,y_n) = 1_G$ を持つとする．このとき，$K = \langle x_1,\cdots,x_n \mid R_1(\boldsymbol{x}) = 1,\ \cdots,\ R_m(\boldsymbol{x}) = 1\rangle$ から G への全射準同型 ϕ で，$\phi(x_1) = y_1$，$\cdots$，$\phi(x_n) = y_n$ となるものがある．

証明　S, N は (4.6.3) で定義されたものとする．定理 4.6.2 より，準同型 $\psi: F_n \to G$ で $\psi(x_1) = y_1$，$\cdots$，$\psi(x_n) = y_n$ となるものがある．G は $y_1,\cdots,y_n$ で生成されているので，ψ は全射である．

G では $R_1(y_1,\cdots,y_n) = \cdots = R_m(y_1,\cdots,y_n) = 1_G$ が成り立つので，$R_1(\boldsymbol{x}),\cdots,R_m(\boldsymbol{x}) \in \mathrm{Ker}(\psi)$ である．$\mathrm{Ker}(\psi)$ は F_n の正規部分群なので，$S \subset \mathrm{Ker}(\psi)$ である．よって，$N \subset \mathrm{Ker}(\psi)$ である．したがって，定理 2.10.5 より，$\pi: F_n \to K$ を自然な全射とするとき，準同型 $\phi: K \to G$ で $\psi = \phi\circ\pi$ となるものがある．ψ が全射なので，ϕ も全射であり，$\psi(x_i) = y_i$ なので，$\phi(x_i) = y_i$ である (記号を乱用している)．　□

群が生成元と関係式で与えられることは「トポロジー」などでよくあることである．その場合に群の位数が有限か無限か，もし有限ならその位数は何か，といったことは基本的な問題である．一般には「トッド-コクセターの方法」というものが知られていて，これに対する完全な答えを得ることができる．しかし，トッド-コクセターの方法は複雑であり，またその証明を解説するのも労力を要するので，ここでは簡単な場合に生成元と関係式で与えられた群の位数を決定する例を述べるだけにする．トッド-コクセターの方法については，巻末の演習問題の略解で方法だけ証明なしに解説する．

簡単な場合には，群の位数が何か以下になるということは比較的よくわかる．問題は群の位数が何か以上になるということを示す部分である．

> **例題 4.6.6** $K = \langle x,y \mid x^3 = y^2 = 1,\ yxy = x^{-1} \rangle$ とすると，$K \cong \mathfrak{S}_3 \cong D_3$ であることを証明せよ．

解答 $G = \mathfrak{S}_3$，$\sigma = (123)$，$\tau = (12)$ とおく．σ,τ は G を生成し (例 2.3.20)，K の x,y と同じ関係式を満たすので，定理 4.6.5 により，全射準同型 $\phi : K \to G$ で $\phi(x) = \sigma$，$\phi(y) = \tau$ となるものがある．$|G| = 6$ なので，$|K| \leqq 6$ であることがわかれば，ϕ が全射であることから，$|K| = 6$ となり，命題 1.1.7 より ϕ は同型であることがわかる．

$x^3 = y^2 = 1$ なので，$x^{-1} = x^2$，$y^{-1} = y$ である．よって，K の元は x,y のみ現れ，x^{-1},y^{-1} が現れない語で表される．$xy = yx^2$ なので，語のなかで $\cdots xy \cdots$ という部分があれば，xy を yx^2 で置き換えるということを繰り返し，y の左に x が現れないようにすることができる．したがって，K の元は $y^i x^j$ という形に書くことができる．$x^3 = y^2 = 1$ なので，$i = 0,1$，$j = 0,1,2$ としてよい．したがって，$|K| \leqq 6$ となり，$K \cong \mathfrak{S}_3$ である．

二面体群 D_3 も同じ生成元と関係式を持ち，$|D_3| = 6$ である．したがって，まったく同じ議論により，$K \cong D_3$ であることもわかる． □

単に群の位数を求めるだけならコンピュータによりそれを実行することも可能である．例えば数式処理ソフト「Maple」なら，

```
with(group);
G:= grelgroup(x,y,[x,x,x],[y,y],[x,y,x,y]);
grouporder(G);
```

で $x^3 = y^2 = (xy)^2 = 1$ で定義された群の位数が 6 であることがわかる．

> **例題 4.6.7** $G = \langle x,y \mid x^4 = y^3 = 1,\ xy = y^2 x \rangle$ とするとき，$|G| = 12$ であることを証明せよ．また G のすべての元を x,y により表せ．

解答 例題 4.6.6 と同様な考察で，G の元は $y^i x^j$ $(i = 0,1,2,\ j = 0,1,2,3)$ という形で書けることがわかる．よって，$|G| \leqq 12$ である．したがって，$|G| \geqq$

12 を示せればよい．

$H_1 = \mathfrak{S}_3$ は $\sigma = (12)$, $\tau = (123)$ で生成され，$\sigma^4 = \tau^3 = 1$, $\sigma\tau = \tau^2\sigma$ となる．また，$H_2 = \mathbb{Z}/4\mathbb{Z}$, ν を H_2 の生成元，$\rho = 1$ (H_2 の元 $0+4\mathbb{Z}$) とすれば，$\nu^4 = 1$, $\rho^3 = 1$, $\nu\rho = \rho^2\nu$. よって，全射準同型 $G \to H_1, H_2$ がある．$|H_1| = 6$, $|H_2| = 4$ なので，$|G|$ は 12 で割り切れる．したがって，$|G| \geqq 12$ である． □

この解答でなぜ $\mathfrak{S}_3$ への全射準同型が存在したかというと，$H = \langle x \rangle$ とすれば，$|G/H| = 3$ となるはずなので，G の G/H への左作用により定まる置換表現があるからである．G/H の代表元として $\{1, y, y^2\}$ がとれるので，y は (123) として作用するはずである．$xH = H$, $xyH = y^2H$, $xy^2H = yH$ なので，x は (23) として作用するはずである．上の解答では同じことなので (12) とした．このような考察はほとんど「トッド-コクセターの方法」を実行している．

なお，G を $\mathfrak{S}_{12}$ の部分群として明示的に実現することも可能である．

$$z_i = x^{i-1}, \quad z_{4+i} = yx^{i-1}, \quad z_{8+i} = y^2x^{i-1} \quad (i = 1, 2, 3, 4)$$

とすると，$G = \{z_1, \cdots, z_{12}\}$ であり，$|G| = 12$ となるはずなので，$z_1, \cdots, z_{12}$ はすべて異なるはずである．そこで G の左からの積により G から $\mathfrak{S}_{12}$ への準同型が得られるはずである．$yz_1 = z_5$, $\cdots$, $yz_{12} = z_4$ となり，同様に x の作用も考えると，x, y は

$$\sigma = (1\,2\,3\,4)(5\,10\,7\,12)(6\,11\,8\,9), \quad \tau = (1\,5\,9)(2\,6\,10)(3\,7\,11)(4\,8\,12)$$

として作用するはずである．$\sigma^4 = \tau^3 = 1$, $\sigma\tau\sigma^{-1} = \tau^2$ であることが補題 4.2.2 より従う．したがって，定理 4.6.5 より全射準同型 $G \to \langle \sigma, \tau \rangle$ が存在する．

σ, τ の位数はそれぞれ 4,3 なので，$|\langle \sigma, \tau \rangle|$ は 4,3 で割り切れる．したがって，$|G|$ も 4,3 で割り切れ $|G| \geqq 12$ である．$|G| \leqq 12$ なので，$|G| = 12$ であり，また $z_1, \cdots, z_{12}$ はすべて異なり，G が $\langle \sigma, \tau \rangle$ と同型であることがわかる．これで G を $\mathfrak{S}_{12}$ の部分群として実現できた．

4.7　位数 12 の群の分類*

この節では位数 12 の群を分類する．12 という数を選んだのは，位数が小さい群のなかでは位数 12 の群が一番興味深いのと，分類の過程で，群論に関し

て今までに学んだほとんどの知識を使うことになるからである．他の位数のさまざまな群の分類は演習問題 4.7.1–4.7.5 とする．

> **定理 4.7.1**　G が群で $|G|=12$ なら，G は次の (1)–(5) のどれかと同型である．また，(1)–(5) のなかで自分自身以外と同型になるものはない．
>
> (1) $\mathbb{Z}/3\mathbb{Z}\times\mathbb{Z}/4\mathbb{Z}\ (\cong\mathbb{Z}/12\mathbb{Z})$
>
> (2) $\mathbb{Z}/3\mathbb{Z}\times\mathbb{Z}/2\mathbb{Z}\times\mathbb{Z}/2\mathbb{Z}$
>
> (3) A_4
>
> (4) $D_6\ (\cong\mathfrak{S}_3\times\mathbb{Z}/2\mathbb{Z})$
>
> (5) $\langle x,y \mid x^4=y^3=1,\ xy=y^2x\rangle$

証明　まず (1)–(5) が同型でないことを示す．(1), (2) はアーベル群で，(3)–(5) は非アーベル群なので，(1) または (2) が (3)–(5) のどれかと同型になることはない．(1) には位数 4 の元があり，(2) には位数 4 の元がないので，(1) と (2) は同型ではない．

A_4 において，$(i_1\,i_2\,i_3)$ という形の巡回置換の数は $\{1,2,3,4\}$ から 3 個の数字を選ぶ選びかたの数 4 と，3 個の数字の巡回置換の数 2 の積 8 である．それ以外にクラインの四元群の元 4 個があるので，合計 12 個となり，それ以外の元はない．よって，A_4 に位数 4 の元はない．

命題 4.1.10 より，D_6 の元の位数は 6 の約数である．したがって，(3), (4) には位数 4 の元がない．しかし，(5) には位数 4 の元があるので，(3) または (4) が (5) と同型になることはない．(3) には位数 6 の元がないが，(4) にはあるので，(3), (4) は同型ではない．これで (1)–(5) のなかで同型になるものがないことが示せた．

以下，G が位数 12 の群なら，(1)–(5) のどれかと同型になることを示す．

$$H\text{: } G \text{ のシロー 2 部分群} \qquad K\text{: } G \text{ のシロー 3 部分群}$$

とする．$|H|=4=2^2$ なので，命題 4.4.4 より H はアーベル群である．H が位数 4 の元を持てば，$H\cong\mathbb{Z}/4\mathbb{Z}$ である．H が位数 4 の元を持たなければ，単位元以外の元の位数は 2 である．$a\neq b\in H$ を単位元以外の元とすれば，$ab\neq a,b$ である．$ab=1$ なら，$b=a^{-1}=a$ なので矛盾である．したがって，$H=$

$\{1,a,b,ab\}$ となり，$H=\langle a,b\rangle$ である．$H_1=\langle a\rangle=\{1,a\}$, $H_2=\langle b\rangle=\{1,b\}$ とすれば，$H_1\cap H_2=\{1\}$ であり，H はアーベル群なので，H_1,H_2 は H の正規部分群である．$H_1H_2=H$ なので，$H\cong H_1\times H_2\cong\mathbb{Z}/2\mathbb{Z}\times\mathbb{Z}/2\mathbb{Z}$ である．

$12/3=4$ なので，K の共役の個数は 1,2 または 4 である．$2\not\equiv 1 \mod 3$ なので，K の共役の個数は 2 ではない．K が正規部分群でないと仮定し，H が正規部分群であることを示す．

仮定より K の共役の数は 4 である．$K_1,\cdots,K_4$ を K の共役とする．$i\neq j$ なら，$K_i\cap K_j\subsetneqq K_i$ だが，$|K_i|=3$ は素数なので，$K_i\cap K_j=\{1\}$．よって，$S=\bigcup_{i=1}^{4}(K_i\backslash\{1\})$ とおくと，$|S|=8$ であり，S の元はすべて位数 3 の元である．位数が 2,4 の元は $G\backslash(S\cup\{1\})$ の元になるが，$|G\backslash(S\cup\{1\})|=3$ なので，H の共役の可能性としては $G\backslash S$ 以外ありえない．したがって，H は正規部分群である．

H,K のどちらかは正規部分群なので，$HK\subset G$ は部分群である．$H,K\subset HK$ なので，$|HK|$ は 3,4 で割り切れる．$|HK|\leqq 12$ なので，$|HK|=12$．よって，$HK=G$ となる．3,4 は互いに素なので，$H\cap K=\{1_G\}$ である．

場合 1：H,K 両方が正規部分群.

この場合は命題 2.9.2 より $G\cong H\times K$ となるので，(1), (2) のいずれかになる．

場合 2：H だけ正規部分群.

$K_1,\cdots,K_4$ を K の共役とする．G は共役により集合 $\{K_1,K_2,K_3,K_4\}$ に作用する．定理 4.5.7 (シローの定理) (3) より，これは推移的な作用である．$\phi: G\to\mathfrak{S}_4$ をこの作用による置換表現 (命題 4.1.12) とする．つまり，$gK_ig^{-1}=K_{\phi(g)(i)}$ $(i=1,2,3,4)$ である．

$$4=K\text{ の共役の数}=(G:\mathrm{N}_G(K_i))\leqq(G:K_i)=4$$

なので，$\mathrm{N}_G(K_i)=K_i$ $(i=1,\cdots,4)$ である．$g\in\mathrm{Ker}(\phi)$ なら，$gK_ig^{-1}=K_i$ $(i=1,2,3,4)$ なので，$g\in\bigcap_{i=1}^{4}\mathrm{N}_G(K_i)=\bigcap_{i=1}^{4}K_i=\{1\}$ となる．したがって，ϕ は単射である．

$\left|\bigcup_{i=1}^{4}(K_i\backslash\{1\})\right|=8$ なので，$\bigcup_{i=1}^{4}(K_i\backslash\{1\})$ で生成される G の部分群 F の位数は 8 以上である．$|F|$ は $|G|=12$ の約数なので，$|F|=12$，つまり $F=G$

である．よって，G は位数 3 の元で生成される．ϕ が単射なので，$g \in G$ が位数 3 の元なら，$\phi(g)$ も位数 3 の元である．$\mathfrak{S}_4$ の位数 3 の元は (123) などの巡回置換のみであり，これらはすべて A_4 の元である．よって，$\phi(G) \subset A_4$ となるが，$|A_4| = 12$ なので，$\phi(G) = A_4$ である．したがって，$G \cong A_4$ である．

場合 3：K だけ正規部分群．

この場合，$h \in H$ に対して $\mathrm{Aut}\,K$ の元 $\phi(h)$ を $\phi(h)(k) = hkh^{-1}$ と定める．$K \cong \mathbb{Z}/3\mathbb{Z}$ なので，$K = \mathbb{Z}/3\mathbb{Z}$ としてよい．$\psi \in \mathrm{Aut}\,K$ なら，$\psi(\overline{1}) \in K$ は位数 3 の元である．K の位数 3 の元は $\overline{1},\overline{2}$ なので，$\psi(\overline{1}) = \overline{1},\overline{2}$ である．$f : K \ni k \mapsto \overline{2}k \in K$ という写像は準同型である．$f \circ f$ は恒等写像なので，f は同型である．したがって，$\psi(\overline{1}) = \overline{2}$ となる同型 ψ がある．任意の $\psi \in \mathrm{Aut}\,K$ は K の生成元 $\overline{1}$ の像で定まってしまうので，$\mathrm{Aut}\,K = \{\overline{1},\overline{2}\} = (\mathbb{Z}/3\mathbb{Z})^{\times}$ とみなすことができる．この群の演算は $\mathbb{Z}/3\mathbb{Z}$ の通常の積であり，$\mathrm{Aut}\,K \cong \mathbb{Z}/2\mathbb{Z}$ である．

もし $\phi(H) \subset \mathrm{Aut}\,K$ が自明なら，任意の $h \in H$, $k \in K$ に対して $hkh^{-1} = k$ となり，$H \lhd G$ となるので矛盾である．よって，$\phi(H) = \mathbb{Z}/2\mathbb{Z}$ である．以下 (a) $H \cong \mathbb{Z}/4\mathbb{Z}$, (b) $H \cong \mathbb{Z}/2\mathbb{Z} \times \mathbb{Z}/2\mathbb{Z}$ の場合を考える．

(a) $H \cong \mathbb{Z}/4\mathbb{Z}$

$H = \langle a \rangle$, $K = \langle b \rangle$ とする．上の考察により，$ab \neq ba$ である．$\phi(H) = \mathbb{Z}/2\mathbb{Z}$ なので，$aba^{-1} = b^2$ である．G は a,b で生成されていて，$a^4 = b^3 = 1_G$, $ab = b^2a$ なので，全射準同型

$$\langle x, y \mid x^4 = y^3 = 1,\ xy = y^2x \rangle \to G$$

で $x \mapsto a$, $y \mapsto b$ となるものがある．なお，左辺は生成元と関係式で定義された群である．例題 4.6.7 より，左辺の位数は 12 なので，これは同型である．

(b) $H \cong \mathbb{Z}/2\mathbb{Z} \times \mathbb{Z}/2\mathbb{Z}$

$K = \langle v \rangle$ とする．$|\mathrm{Aut}\,K| = 2$ なので，$\mathrm{Ker}(\phi) \neq \{1_G\}$ である．よって，$\mathrm{Ker}(\phi)$ の元 w で $w \neq 1_G$ であるものをとれる．ϕ の定義より $wvw^{-1} = v$ である．H の元がすべて v と可換なら，G が非可換という仮定に矛盾する．よって，$b \in$

H で $bvb^{-1} = v^2$ となるものがある．$b \notin \langle w \rangle$ なので，$H \cong \langle b \rangle \times \langle w \rangle$ である．

$a = wv$ とおくと，w と v は可換なので，

$$a^2 = w^2v^2 = v^2 \neq 1_G, \quad a^3 = w^3v^3 = w \neq 1_G, \quad a^6 = w^6v^6 = 1_G$$

である．したがって，a の位数は 6 である．また，$w \in \langle a \rangle$ である．

$\langle a,b \rangle \supset \langle a \rangle, H$ なので，$|\langle a,b \rangle|$ は 6,4 で割り切れる．$|G| = 12$ なので，$G = \langle a,b \rangle$ である．D_6 は位数 12 の群で二つの元 t,r で生成され，関係式

$$t^6 = r^2 = 1, \quad rtr^{-1} = t^{-1} \tag{4.7.2}$$

を満たす．

$$bab^{-1} = bwvb^{-1} = wbvb^{-1} = wv^2 = v^2w = a^{-1}$$

なので，a,b は (4.7.2) と同じ関係式を満たす．なお，$v^2wa = v^2w^2v = v^3 = 1$ である．したがって，全射準同型

$$L = \langle x,y \mid x^6 = y^2 = 1,\ yxy^{-1} = x^{-1} \rangle \to D_6$$

が存在する．なお，左辺は生成元と関係式で定義された群である．よって $|L| \geqq 12$ である．しかし，L の任意の元は関係式より y^ix^j $(i = 0,1,\ j = 0,\cdots,5)$ の形に表されるので，$|L| \leqq 12$ である．したがって，$|L| = 12$, $L \cong D_6$ である．

まったく同様にして，全射準同型 $L \to G$ が存在する．$|L| = |G| = 12$ なので，$L \cong G$ である．$L \cong D_6$ だったので，$G \cong D_6$ である．□

4.8　有限生成アーベル群

G を群とする．もし有限個の元 $x_1,\cdots,x_n \in G$ があり $G = \langle x_1,\cdots,x_n \rangle$ となるなら，G は**有限生成**であるという．この節の目的は，次の有限生成アーベル群の基本定理を証明することである．

非負整数 r に対し $\mathbb{Z}^r = \overbrace{\mathbb{Z} \times \cdots \times \mathbb{Z}}^{r}$ とおき，$\mathbb{Z}^r$ を $\mathbb{Z}$ 係数の r 次元列ベクトルの集合のなすアーベル群と同一視する．

定理 4.8.1　G が有限生成アーベル群なら，次の (1), (2) が成り立つ．

(1)　有限個の整数 $r \geqq 0$, $e_1,\cdots,e_n \geqq 2$ で $i = 1,\cdots,n-1$ に対し $e_i|e_{i+1}$

となるものがあり，

$$G \cong \mathbb{Z}^r \times \mathbb{Z}/e_1\mathbb{Z} \times \cdots \times \mathbb{Z}/e_n\mathbb{Z}$$

となる．

(2)　整数 $r, e_1, \cdots, e_n$ で上の条件を満たすものは一意的に定まる．

上の定理で $n = 0$ なら，$G \cong \mathbb{Z}^r$ と解釈する．証明の都合上，次の言い換えも同時に証明する．

定理 4.8.2　G が有限生成アーベル群なら，次の (1), (2) が成り立つ．

(1)　整数 $r \geqq 0$ と (重複があってもよい) 素数 $p_1, \cdots, p_t$ と正の整数 $a_1, \cdots, a_t$ があり，

$$G \cong \mathbb{Z}^r \times \mathbb{Z}/p_1^{a_1}\mathbb{Z} \times \cdots \times \mathbb{Z}/p_t^{a_t}\mathbb{Z}$$

となる．

(2)　整数 r と素数べき $p_1^{a_1}, \cdots, p_t^{a_t}$ で上の条件を満たすものは $p_1^{a_1}, \cdots, p_t^{a_t}$ の順序を除いて，一意的に定まる．

任意のアーベル群は $\mathbb{Z}$ 上の加群とみなせる．II–2.13 節では「単項イデアル整域」上の加群について解説し，上の定理をより一般な形で証明する．しかし，この節での証明はいくぶん簡単であるため，第 2 巻の内容についての見通しを得られると思うので，ここで解説する価値があるだろう．

$\mathbb{Z}^n$ の元はスペースの関係上，$\boldsymbol{v} = [v_1, \cdots, v_n]$ $(v_i \in \mathbb{Z})$ と表す．整数 $m, n \geqq 0$ に対し，写像 $T_A : \mathbb{Z}^m \to \mathbb{Z}^n$ を $\boldsymbol{x} \in \mathbb{Z}^n$ に対し

$$T_A(\boldsymbol{x}) = A\boldsymbol{x}$$

と定義する．$\boldsymbol{v}, \boldsymbol{w} \in \mathbb{Z}^n$ なら $A(\boldsymbol{v}+\boldsymbol{w}) = A\boldsymbol{v}+A\boldsymbol{w}$ なので，T_A はアーベル群の準同型である．$\mathrm{GL}_n(\mathbb{Z})$ を例 2.3.12 の群とする．$A \in \mathrm{GL}_n(\mathbb{Z})$ なら $T_{A^{-1}}$ は T_A の逆写像なので，T_A は $\mathbb{Z}^n$ の自己同型である．よって，$\{\boldsymbol{v}_1, \cdots, \boldsymbol{v}_n\}$ が $\mathbb{Z}^n$ を生成するなら，$\{A\boldsymbol{v}_1, \cdots, A\boldsymbol{v}_n\}$ も $\mathbb{Z}^n$ を生成する．

G を $+$ を演算とするアーベル群とする．$x \in G$ で a が整数なら，ax といった加法的な記号を用いる．$x_1, \cdots, x_m \in G$ なら，$H = \{a_1x_1 + \cdots + a_mx_m \mid$

$a_1,\cdots,a_m \in \mathbb{Z}\}$ は $\mathbf{0}$ を含み加法と逆元について閉じているので，G の部分群である．$x_1,\cdots,x_m$ を含む部分群は H を含むので，H は $x_1,\cdots,x_m$ で生成された部分群 $\langle x_1,\cdots,x_m\rangle$ である．

定義 4.8.3　上の状況で $G_2/\mathrm{Im}(\phi)$ を ϕ の**余核**といい，$\mathrm{Coker}(\phi)$ と書く．◇

> **命題 4.8.4**　$M \subset \mathbb{Z}^n$ が部分群なら，M は有限生成である．つまり，有限個の $\boldsymbol{x}_1,\cdots,\boldsymbol{x}_m \in M$ があり，$M = \langle \boldsymbol{x}_1,\cdots,\boldsymbol{x}_m\rangle$ となる．

証明　n に関する帰納法を使う．$\mathbb{Z}^{n-1}$ は写像

$$\mathbb{Z}^{n-1} \ni [w_1,\cdots,w_{n-1}] \mapsto [w_1,\cdots,w_{n-1},0] \in \mathbb{Z}^n$$

により $\mathbb{Z}^n$ の部分群とみなす．写像

$$p : M \ni \boldsymbol{v} = [v_1,\cdots,v_n] \to v_n \in \mathbb{Z}$$

を考えると，p は準同型である．$H = \mathrm{Im}(p)$ とおくと，H は $\mathbb{Z}$ の部分群である．命題 2.4.18 により $H = d\mathbb{Z}$ となる整数 $d \geqq 0$ がある．H の定義より $\boldsymbol{x}_1 = (x_{11},\cdots,x_{1n-1},d) \in M$ という形の元がある．帰納法により，有限個の元 $\boldsymbol{x}_2,\cdots,\boldsymbol{x}_m \in M\cap\mathbb{Z}^{n-1}$ があり，$M\cap\mathbb{Z}^{n-1} = \langle \boldsymbol{x}_2,\cdots,\boldsymbol{x}_n\rangle$ となる．

$\boldsymbol{y} \in M$ とすると，整数 a_1 があり，$p(\boldsymbol{y}) = da_1$ となる．$\boldsymbol{z} = \boldsymbol{y} - a_1\boldsymbol{x}_1$ とおくと，$\boldsymbol{z} \in M$ で $p(\boldsymbol{z}) = da_1 - da_1 = 0$．よって，$\boldsymbol{z} \in M\cap\mathbb{Z}^{n-1}$．すると，整数 $a_2,\cdots,a_m$ があり，$\boldsymbol{z} = a_2\boldsymbol{x}_2 + \cdots + a_m\boldsymbol{x}_m$ となる．したがって，

$$\boldsymbol{y} = a_1\boldsymbol{x}_1 + \cdots + a_m\boldsymbol{x}_m \in \langle \boldsymbol{x}_1,\cdots,\boldsymbol{x}_m\rangle$$

となるので，$M = \langle \boldsymbol{x}_1,\cdots,\boldsymbol{x}_m\rangle$．□

この命題は II–2.10 節で,「ネーター環上の有限生成加群の部分加群は有限生成である」という形に一般化される．

定理 4.8.1, 4.8.2 の証明　G を $+$ を演算とする，$g_1,\cdots,g_n$ で生成された有限生成アーベル群とする．準同型 $\phi : \mathbb{Z}^n \to G$ を

$$\phi([a_1,\cdots,a_n]) = a_1g_1 + \cdots + a_ng_n$$

と定義する．$M = \mathrm{Ker}(\phi)$ とおく．ϕ は全射なので，準同型定理 (定理 2.10.1) により $G \cong \mathbb{Z}^n/M$ である．M は $\mathbb{Z}^n$ の部分群なので，命題 4.8.4 より M も有

限生成である.

$M = \langle \boldsymbol{a}_1, \cdots, \boldsymbol{a}_m \rangle$ とする．ただし

$$\boldsymbol{a}_i = \begin{pmatrix} a_{i1} \\ \vdots \\ a_{in} \end{pmatrix} \quad (i = 1, \cdots, m)$$

で，すべての i, j に対し $a_{ij} \in \mathbb{Z}$ である．A を (i, j) 成分が a_{ij} である $n \times m$ 行列とする．$\boldsymbol{x} = [x_1, \cdots, x_n]$ なら，$T_A(\boldsymbol{x}) = x_1 \boldsymbol{a}_1 + \cdots + x_n \boldsymbol{a}_n$ なので，$\mathrm{Im}(T_A) = M$，したがって，$G \cong \mathrm{Coker}(T_A)$ である.

補題 4.8.5 $g_1 \in \mathrm{GL}_n(\mathbb{Z})$, $g_2 \in \mathrm{GL}_m(\mathbb{Z})$, $B = g_1 A g_2$ とし，準同型 $T_B : \mathbb{Z}^n \to \mathbb{Z}^m$ を $T_B(\boldsymbol{x}) = B\boldsymbol{x}$ と定義する．このとき，$\mathrm{Coker}(T_A) \cong \mathrm{Coker}(T_B)$ である.

証明 $g_1 = I_n, g_2 = I_m$ の場合に分けて考える．$g_1 = I_n$ とする．$\{g_2 \boldsymbol{x} \mid \boldsymbol{x} \in \mathbb{Z}^m\} \subset \mathbb{Z}^m$ なので，$\mathrm{Im}(T_B) \subset \mathrm{Im}(T_A)$ である．$A = B g_2^{-1}$ なので，$\mathrm{Im}(T_A) \subset \mathrm{Im}(T_B)$．したがって，$\mathrm{Im}(T_B) = \mathrm{Im}(T_A)$ となり，$\mathrm{Coker}(T_A) = \mathrm{Coker}(T_B)$ である.

次に $g_2 = I_m$ とする．$\phi : \mathbb{Z}^n \ni \boldsymbol{y} \mapsto g_1 \boldsymbol{y} \in \mathbb{Z}^n$ は $\mathbb{Z}^n$ の自己同型である．$\mathrm{Im}(\phi \circ T_A) \subset \mathrm{Im}(T_B)$ なので，定理 2.10.5 より ϕ は準同型

$$\mathrm{Coker}(T_A) \ni \boldsymbol{y} + \mathrm{Im}(T_A) \mapsto g_1 \boldsymbol{y} + \mathrm{Coker}(T_B)$$

を引き起こす．g_1^{-1} はこの逆写像を引き起こすので，$\mathrm{Coker}(T_A) \cong \mathrm{Coker}(T_B)$ である. □

定理 4.8.1 の証明を続ける.

補題 4.8.6 $g_1 \in \mathrm{GL}_n(\mathbb{Z}), g_2 \in \mathrm{GL}_m(\mathbb{Z})$ が存在して，$g_1 A g_2$ は次の形

$$\begin{pmatrix} e_1 & & & & \\ & e_2 & & & \\ & & \ddots & & \\ & & & e_l & \\ & & & & \end{pmatrix}$$

になる．ただし，すべての i に対して e_i は正の整数，$e_i | e_{i+1}$ で，他の成分はすべて 0 である．なお，ここでは $e_i = 1$ もありえる.

この補題を仮定すると,

$$\mathrm{Im}(T_{g_1Ag_2}) = \left\{ \begin{pmatrix} e_1x_1 \\ \vdots \\ e_lx_l \\ 0 \\ \vdots \\ 0 \end{pmatrix} \middle| \, x_1,\cdots,x_l \in \mathbb{Z} \right\}$$

となる．よって，

$$\mathrm{Coker}(T_A) \cong \mathbb{Z}/e_1\mathbb{Z}\times\cdots\times\mathbb{Z}/e_l\mathbb{Z}\times\mathbb{Z}^{n-l}.$$

$e_i = 1$ なら $\mathbb{Z}/e_i\mathbb{Z} = \{0\}$ は自明な群なので，このような因子を除けば，定理4.8.1 (1) を得る．中国式剰余定理 (定理 2.9.3) により，任意の自明でない巡回群は素数べき位数の巡回群の直積になるので，定理 4.8.2 (1) を得る．

補題 4.8.6 の証明　A が零行列なら，証明することはない．よって，$A \neq 0$ とする．$X = \{g_1Ag_2 \mid g_1 \in \mathrm{GL}_n(\mathbb{Z}),\ g_2 \in \mathrm{GL}_m(\mathbb{Z})\}$ とおく．$e_1 > 0$ を X に属する行列の (1,1) 成分として現れる最小の正の整数とする．$B \in X$ を (1,1) 成分が e_1 であるものとする．A を B で取り換え，$a_{11} = e_1$ としてよい．

e_1 が a_{1j} $(j = 2,\cdots,m)$ と a_{i1} $(i = 2,\cdots,n)$ のすべてを割ることを示す．議論は同様なので，e_1 が a_{21} を割ることだけ示す．もし a_{21} が e_1 で割れなければ，整数 q, $0 < r < e_1$ があり $a_{21} = qe_1 + r$．すると，

$$\begin{pmatrix} -q & 1 & \\ 1 & 0 & \\ & & I_{n-2} \end{pmatrix} A = \begin{pmatrix} r & * & * \\ e_1 & * & * \\ * & * & * \end{pmatrix}$$

となるので，矛盾である．したがって，すべての a_{1j}, a_{i1} は e_1 で割れる．すると

$$\begin{pmatrix} 1 & & & \\ -\dfrac{a_{21}}{e_1} & 1 & & \\ \vdots & & \ddots & \\ -\dfrac{a_{n1}}{e_1} & & & 1 \end{pmatrix} A = \begin{pmatrix} e_1 & * & * & * \\ 0 & * & * & * \\ \vdots & \vdots & \vdots & \vdots \\ 0 & * & * & * \end{pmatrix}$$

となる．したがって，$a_{i1} = 0$ $(i = 2,\cdots,n)$ としてよい．同様にして，$\mathrm{GL}_m(\mathbb{Z})$ の元を右からかけ，$a_{1j} = 0$ $(j = 2,\cdots,m)$ としてよい．

もし $n = 1$ か $m = 1$ なら，証明することはない．よって，$n,m \geqq 2$ とする．$2 \leqq i \leqq n$, $2 \leqq j \leqq m$ で a_{ij} が e_1 で割れないものがあったとする．$(i,j) = (2,2)$ の場合だけ考える．すると

$$\begin{pmatrix} 1 & 1 & \\ 0 & 1 & \\ & & I_{n-2} \end{pmatrix} A = \begin{pmatrix} e_1 & a_{22} & * \\ 0 & * & * \\ \vdots & \vdots & \vdots \\ 0 & * & * \end{pmatrix}$$

となるので，上のステップに矛盾する．したがって，A は

$$A = \begin{pmatrix} e_1 & \\ & e_1 B \end{pmatrix}$$

という形をしている．ただし，B はサイズ $(n-1)\times(m-1)$ の整数を成分とする行列である．

n に関する帰納法で $h_1 \in \mathrm{GL}_{n-1}(\mathbb{Z})$ と $h_2 \in \mathrm{GL}_{m-1}(\mathbb{Z})$ があり

$$h_1 B h_2 = \begin{pmatrix} f_2 & & & \\ & f_3 & & \\ & & \ddots & \\ & & & f_l \\ & & & \end{pmatrix}$$

で，すべての i に対し $f_i > 0$ かつ $f_i | f_{i+1}$ となる．よって，

$$\begin{pmatrix} 1 & \\ & h_1 \end{pmatrix} A \begin{pmatrix} 1 & \\ & h_2 \end{pmatrix} = \begin{pmatrix} e_1 & & & & \\ & e_1 f_2 & & & \\ & & \ddots & & \\ & & & e_1 f_l & \\ & & & & \end{pmatrix}.$$

□

これで定理 4.8.1 (1) と定理 4.8.2 (1) の証明が完了した．

次に定理 4.8.1 (2) と定理 4.8.2 (2) を証明する．

$$G_{\mathrm{fin}} = \{g \in G \mid {}^{\exists} a > 0,\ ag = 0\}$$

とおく．また，素数 p に対して

$$G(p) = \{g \in G \mid {}^{\exists} a > 0,\ p^a g = 0\}$$

とおく．$G(p)$ は定理 4.8.2 の $p_i = p$ であるような因子の直積である．よって，有限個の p を除き，$G(p) = \{0\}$ であり，$G_{\mathrm{fin}} \cong \prod_p G(p)$ である．また，$G(p)$ は G_{fin} のシロー p 部分群である．$G_{\mathrm{fin}}, G(p)$ ともに G により定まる．

G が定理 4.8.2 (1) の形をしていれば，

$$G_{\mathrm{fin}} = \mathbb{Z}/e_1\mathbb{Z} \times \cdots \times \mathbb{Z}/e_\ell\mathbb{Z}$$

である．よって，$G/G_{\mathrm{fin}} \cong \mathbb{Z}^r$ である．G_{fin} は G により定まるので，G/G_{fin}

も G により定まる．したがって，r の一意性を示すには，$\mathbb{Z}^r \cong \mathbb{Z}^s$ なら $r=s$ であることを示せばよい．

$\phi : \mathbb{Z}^r \to \mathbb{Z}^s$ を同型写像とする．$\mathbb{e}_1 = [1,0,\cdots,0],\cdots,\mathbb{e}_r$ を $\mathbb{Z}^r$ の基本ベクトル，$\mathbb{f}_1,\cdots,\mathbb{f}_s$ を $\mathbb{Z}^s$ の基本ベクトルとする．$\phi(\mathbb{e}_j) = \sum_i m_{ij}\mathbb{f}_i$ $(m_{ij} \in \mathbb{Z})$ なら，

$$\phi([x_1,\cdots,x_r]) = \sum_{i,j} m_{ij}x_j\mathbb{f}_i.$$

よって，$M = (m_{ij})$ を (i,j) 成分が m_{ij} である $s \times r$ 行列とすれば，$\boldsymbol{x} = [x_1,\cdots,x_n]$ に対し $\phi(\boldsymbol{x}) = M\boldsymbol{x}$ である．同様にして，整数を成分とする $r \times s$ 行列 N で ϕ の逆写像が $\mathbb{Z}^s \ni \boldsymbol{y} \mapsto N\boldsymbol{y}$ で与えられるものがある．すると $NM = I_r, MN = I_s$ となる．M,N を実行列とみなせば，$r=s$ である．定理 4.8.2 の整数 r の一意性も同様である．

r の一意性が示せて，G_{fin} は G から定まるので，G は有限群と仮定してよい．まず定理 4.8.2 (2) を証明した後，定理 4.8.1 (2) を導く．$G(p)$ も G から定まるので，$G = G(p)$ と仮定してよい．$|G|$ に関する帰納法で示す．

G の因子の順序を並び換えて，

$$G = (\mathbb{Z}/p^{a_1}\mathbb{Z})^{b_1} \times \cdots \times (\mathbb{Z}/p^{a_t}\mathbb{Z})^{b_t}, \quad 0 < a_1 < a_2 < \cdots < a_t$$

という形をしているとしてよい．ただし $(\mathbb{Z}/p^{a_i}\mathbb{Z})^{b_i}$ は $\mathbb{Z}/p^{a_i}\mathbb{Z}$ の $b_i > 0$ 個の直積である．

$\boldsymbol{p^{a_t}}$ は $\boldsymbol{G}$ の元の位数の最大値なので，$\boldsymbol{G}$ より定まる． H を G の元で位数が p^{a_t} より真に小さいもの全体の集合とする．**$\boldsymbol{H}$ は $\boldsymbol{G}$ により定まる．** G はアーベル群なので，H は部分群である．なお $p^a x = p^a y = 0$ $(x,y \in H)$ なら，$p^a(x+y) = 0$ である．G の元を $g = (g_1,\cdots,g_t)$ と表す．ただし，すべての i に対し $g_i \in (\mathbb{Z}/p^{a_i}\mathbb{Z})^{b_i}$ である．$g_1,\cdots,g_{t-1}$ の位数は p^{a_t} より真に小さいので，$g \in H$ は g_t の位数が p^{a_t} より真に小さいことと同値である．

$c_1,\cdots,c_{b_t} \in \mathbb{Z}$ とし，すべての i に対し $\bar{c}_i = c_i \bmod \mathbb{Z}/p^{a_t}\mathbb{Z}$ とおく．$(\bar{c}_1,\cdots,\bar{c}_{b_t})$ の位数が p^{a_t} より真に小さいことと $c_1,\cdots,c_{b_t}$ が p で割れることは同値である．したがって，

$$\begin{aligned} H &= (\mathbb{Z}/p^{a_1}\mathbb{Z})^{b_1} \times \cdots \times (\mathbb{Z}/p^{a_{t-1}}\mathbb{Z})^{b_{t-1}} \times (p\mathbb{Z}/p^{a_t}\mathbb{Z})^{b_t} \\ &\cong (\mathbb{Z}/p^{a_1}\mathbb{Z})^{b_1} \times \cdots \times (\mathbb{Z}/p^{a_{t-1}}\mathbb{Z})^{b_{t-1}} \times (\mathbb{Z}/p^{a_t - 1}\mathbb{Z})^{b_t}. \end{aligned}$$

$\boldsymbol{G/H \cong (\mathbb{Z}/p\mathbb{Z})^{b_t}}$ なので，$\boldsymbol{b_t}$ は $\boldsymbol{G}$ により定まる． $|H| < |G|$ なので，帰納

法により定理 4.8.2 (2) が H に対して成り立つ．a_t, b_t は既に決定されたので，$a_{t-1} = a_t - 1$ であるかどうかは $\mathbb{Z}/p^{a_t-1}\mathbb{Z}$ が何回直積因子として現れるかによって定まる．

$a_{t-1} < a_t - 1$ なら，$a_1, \cdots, a_{t-1}, b_1, \cdots, b_{t-1}$ は H により，したがって，G により定まる．$a_{t-1} = a_t - 1$ なら，$a_1, \cdots, a_{t-2}, b_1, \cdots, b_{t-2}$ と $a_{t-1} = a_t - 1, b_{t-1} + b_t$ は G により定まる．a_t, b_t は既に定まっているので，a_{t-1}, b_{t-1} も G により定まる．これで，定理 4.8.2 (2) の証明が完了した．

次に，定理 4.8.1 (2) が定理 4.8.2 (2) から従うことを証明する．しかし，次の例を解説してからの方が，読者に分かりやすいだろう．

例題 4.8.7 $G = \mathbb{Z}/2\mathbb{Z} \times \mathbb{Z}/4\mathbb{Z} \times \mathbb{Z}/4\mathbb{Z} \times \mathbb{Z}/9\mathbb{Z} \times \mathbb{Z}/27\mathbb{Z} \times \mathbb{Z}/5\mathbb{Z}$ を定理 4.8.1 (1) の形に表せ．

解答 定理 4.8.1 (1) の e_t から始める．素数 $p = 2, 3, 5$ に対し直積因子 $\mathbb{Z}/p^a\mathbb{Z}$ で a が最大のものを選び，直積を取る．この場合，具体的には，$\mathbb{Z}/4\mathbb{Z} \times \mathbb{Z}/27\mathbb{Z} \times \mathbb{Z}/5\mathbb{Z} \cong \mathbb{Z}/540\mathbb{Z}$ である．残りの因子は $\mathbb{Z}/2\mathbb{Z}, \mathbb{Z}/4\mathbb{Z}, \mathbb{Z}/9\mathbb{Z}$ である．同様に進めると，次の因子は $\mathbb{Z}/4\mathbb{Z} \times \mathbb{Z}/9\mathbb{Z} \cong \mathbb{Z}/36\mathbb{Z}$ である．最後は $\mathbb{Z}/2\mathbb{Z}$ となるので，

$$G \cong \mathbb{Z}/2\mathbb{Z} \times \mathbb{Z}/36\mathbb{Z} \times \mathbb{Z}/540\mathbb{Z}$$

となる． □

定理 4.8.1 (2) の証明を続ける．

$p = p_1, \cdots, p_l$ を $G(p) \neq \{0\}$ となるすべての素数とする．

$$G(p_i) = \mathbb{Z}/p_i^{a_{i1}}\mathbb{Z} \times \cdots \times \mathbb{Z}/p_i^{a_{is_i}}\mathbb{Z}, \quad a_{i1} \leqq \cdots \leqq a_{is_i}$$

とし，$s = \max\{s_1, \cdots, s_l\}$ とおく．a_{ij} が 0 であることも許すと，$G(p_i)$ を

$$G(p_i) = \mathbb{Z}/p_i^{a_{i1}}\mathbb{Z} \times \cdots \times \mathbb{Z}/p_i^{a_{is}}\mathbb{Z}, \quad a_{i1} \leqq \cdots \leqq a_{is}$$

と表せる．例えば，$s = 2$ で $G(p_i) = \mathbb{Z}/p_i^2\mathbb{Z}$ なら，$G(p_i) = \mathbb{Z}/p_i^0\mathbb{Z} \times \mathbb{Z}/p_i^2\mathbb{Z}$ とみなしている．

$\mathbb{Z}/e_t\mathbb{Z}$ を位数が素数べきの巡回群の直積で表すとしたら，すべての因子が素数の最大のべきに対応しているはずである．よって，e_t は

$$e_t = \prod_{i=1}^{l} p_i^{a_{is}}$$

でなければならない．同様の考察で，e_j は

$$e_j = \prod_{i=1}^{l} p_i^{a_{i\,s-t+j}}$$

でなければならない．$j=1$ の場合から，$s=t$ でなければならず，$e_1,\cdots,e_t$ は定理 4.8.2 (1) の直積因子から決定される．□

4.9　交代群

この節の目的は，交代群 A_n が $n \geqq 5$ なら単純群であることを証明することである．

補題 4.9.1　$n \geqq 3$ なら，A_n は長さ 3 の巡回置換で生成される．

証明　任意の置換は互換の積である (命題 2.1.14)．互換の符号は -1 なので，A_n の元は偶数個の互換の積である．逆に偶数個の互換の積は A_n の元である．偶数個の互換の積は $(ij)(kl)$ という形の元の有限個の積である．したがって，このような元が長さ 3 の巡回置換の有限個の積であることを示せばよい．

$i=k$, $j \neq l$ なら，$(ij)(kl)=(ilj)$ である．$i=k$, $j=l$ なら，$(ij)(kl)=1$ である．$\{i,j\}\cap\{k,l\}=\emptyset$ なら，$(ij)(kl)=(ijk)(jkl)$ である．□

補題 4.9.2　$n \geqq 5$ なら，長さ 3 の巡回置換はすべて A_n で共役である．

証明　$\sigma=(ijk)$, $\tau=(rst)$ を二つの長さ 3 の巡回置換とする．定理 4.2.3 より，$\nu \in \mathfrak{S}_n$ があり，$\nu\sigma\nu^{-1}=\tau$ となる．もし $\nu \in A_n$ なら，証明は完了する．$\nu \notin A_n$ なら，ν は奇置換である．$n \geqq 5$ なので，$l,m \leqq n$ で，i,j,k と異なるものがある．$\lambda=(lm)$ とすれば，λ は互換なので，奇置換であり，$\lambda\sigma\lambda^{-1}=\sigma$ である．よって，$\nu\lambda\sigma\lambda^{-1}\nu^{-1}=\tau$ となるが，ν,λ は両方とも奇置換なので，$\nu\lambda \in A_n$ である．□

定理 4.9.3　**交代群 A_n は $n \geqq 5$ なら単純群である．**

証明　$N \lhd A_n$ で $N \neq \{1\}$ とする．N が長さ 3 の巡回置換を含むことが示せれば，N はその共役すべてを含む．したがって，補題 4.9.1, 4.9.2 より $N = A_n$ となる．

$N \ni \sigma \neq 1$ を，共通する元のない巡回置換の積で

$$\sigma = (i_{11} \cdots i_{1l_1}) \cdots (i_{t1} \cdots i_{tl_t})$$

と表す．ただし，$l_j = 1$ であるような巡回置換は省くものとする．したがって，k がこの表現のなかに現れないということは，$\sigma(k) = k$ ということである．$N \ni \sigma \neq 1$ を $\sigma(k) = k$ となる k の個数 a が最大であるようにとる．

$\sigma \neq 1$ なので，$a < n$ である．$a = n-1$ なら，σ は $(n-1)$ 個の数を不変にする．すると，σ は残りの一つも不変にするので，$a \leqq n-2$ である．$a = n-2$ なら，σ は互換なので，$a \leqq n-3$ である．$a = n-3$ であることを示す．

$l_1 = \cdots = l_t = 2$ と仮定する．$\sigma \in A_n$ なので，$t \geqq 2$ である．議論は同様なので，$i_{11} = 1$，$i_{12} = 2$，$i_{21} = 3$，$i_{22} = 4$ とする．したがって，$\sigma = (12)(34)\cdots$ である．$\tau = (345)$, $\sigma' = \tau\sigma\tau^{-1}\sigma^{-1}$ とすると，$\tau\sigma\tau^{-1} \in N$ なので，$\sigma' \in N$ である．$k \neq 1,2,3,4,5$ で $\sigma(k) = k$ なら，$\sigma'(k) = k$ である．しかし，$\sigma'(1) = 1$, $\sigma'(2) = 2$ なので，σ' により不変な数字の個数は a より大きい．$\sigma'(3) = 5 \neq 3$ なので，$\sigma' \neq 1$ だが，これは矛盾である．

したがって，$l_1 \geqq 3$ と仮定してよい．$\sigma \neq (i_{11}i_{12}i_{13})$ と仮定して矛盾を導く．これは $a \leqq n-4$ を意味する．もし $a = n-4$ なら，$l_1 = 4$ で $\sigma = (i_{11}i_{12}i_{13}i_{14})$ となるしかなく，これは奇置換なので，矛盾である．よって，$a \leqq n-5$ である．議論は同様なので，$i_{11} = 1$，$i_{12} = 2$，$i_{13} = 3$ とする．$a \leqq n-5$ なので，$\sigma(r) \neq r$，$\sigma(s) \neq s$ となる $r \neq s$ で $r, s \neq 1,2,3$ であるものがある．議論は同様なので，$r = 4$，$s = 5$ とする．$\tau = (345)$ とおき，$\sigma' = \tau\sigma\tau^{-1}\sigma^{-1}$ とする．すると，$\sigma' \in N$ である．$k \neq 1,2,3,4,5$ で $\sigma(k) = k$ なら，$\sigma'(k) = k$ である．仮定より 1,2,3,4,5 はどれも σ で不変でない．$\sigma'(3) = 4$ なので $\sigma' \neq 1$ である．$\sigma'(2) = 2$ となるので矛盾である．　□

> **系 4.9.4**　$\boldsymbol{n \geqq 5}$ なら，$\boldsymbol{\mathfrak{S}_n}$ は可解ではない．

証明　$G = \mathfrak{S}_n$，$H = A_n$ とおく．G が可解なら，$D_i(G) = \{1\}$ となる $i > 0$

がある (命題 4.3.9 参照). $[G,G] \supset [H,H]$ である. $[H,H] \triangleleft H$ だが, H は単純群なので, $[H,H] = H$ または $[H,H] = \{1\}$ である. $[H,H] = \{1\}$ なら, H は可換となり矛盾である. よって, $[H,H] = H$ である. したがって, $[G,G] \supset H$ である. 帰納法により, すべての i に対し $D_i(G) \supset H$ となり矛盾である. □

4.10　正多面体群*

正多面体群は $\mathbb{R}^3$ の回転群で正多面体を不変にするものよりなる. その対称性により, 正多面体群は数学のさまざまな分野に登場する. この節では, 正多面体群を対称群や交代群で表す.

定義 4.10.1　**正多面体**とは, 面がすべて合同な正多角形で, 頂点に集まる辺の数がすべて等しい多面体のことである. ◇

次の五つの多面体は正多面体である.

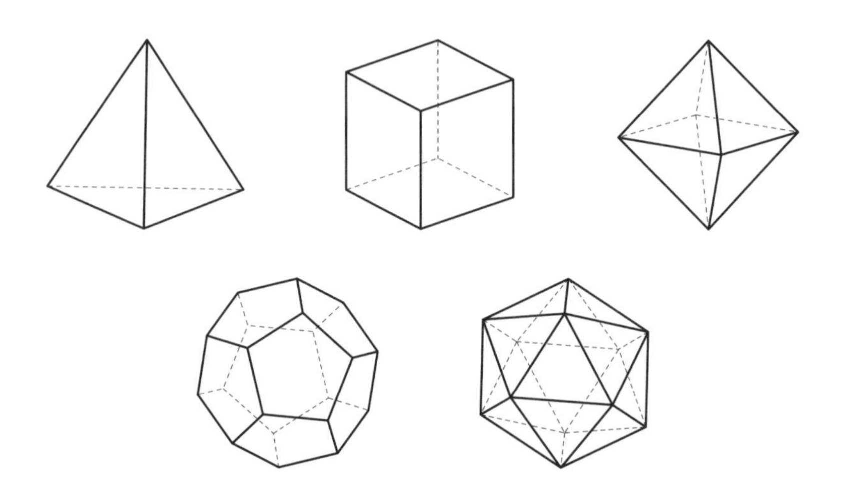

これらをそれぞれ, **正四面体**, **立方体**, **正八面体**, **正十二面体**, **正二十面体**という.

定理 4.10.2　正多面体は上の五つだけである.

証明 正 n 角形の一つの角の角度は $\pi(n-2)/n$ である．一つの頂点に m 個の面が集まっているとする．下図は $m=5$, $n=3$ の場合に一つの頂点のまわりの面の展開図を考えたものである．

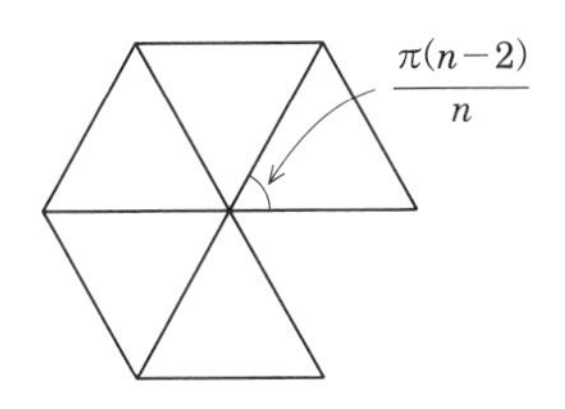

もし，正 n 角形が頂点のまわりを埋め尽くすと立体にならないので，$m\times\pi(n-2)/n<2\pi$ となる．$n=2$ はありえないので，$(n-2)/n \geqq 1/3$ である．$m(n-2)/n<2$ なので，$m<6$ である．よって，$m=3,4,5$ となる．

$m=3$ なら，$(n-2)/n<2/3$，つまり $n<6$ なので，$n=3,4,5$ である．$m=4$ なら，$(n-2)/n<1/2$，つまり $n<4$ なので，$n=3$ である．$m=5$ なら，$(n-2)/n<2/5$，つまり $n<10/3$ なので，$n=3$ である．n,m が定まれば，正多面体の形は決まる．n,m の可能性は $(n,m)=(3,3)$, $(3,4)$, $(3,5)$, $(4,3)$, $(5,3)$ であり，それぞれ正四面体，正八面体，正二十面体，立方体，正十二面体に対応する． □

$\mathbb{R}^3$ の原点がその中心となる正多面体 P を考える．SO(3) の元でこれらの正多面体を集合として不変にする元全体は SO(3) の部分群である．

$$G=\{g\in \mathrm{SO}(3)\mid \text{集合として } g\mathrm{P}=\mathrm{P}\}$$

とすると G は SO(3) の部分群である．これらをそれぞれ，正四面体群，立方体群，正八面体群，正十二面体群，正二十面体群という．正八面体の各面の中心を結ぶと立方体になる．また，正二十面体群の各面の中心を結ぶと正十二面体になる．したがって，正八面体群と立方体群は同型で，正二十面体群と正十二面体群は同型である．正四面体群，正八面体群，正二十面体群をそれぞれ T, O, I (tetrahedral group, octahedral group, icosahedral group の頭文字) と書く．これらを**正多面体群**という．正多面体はこれだけしかないが，非常に対称性が高く，興味深い性質を持つ．また，正多面体群は代数幾何や整数論と古くから関係している．

以下，正多面体群の構造を決定する．まず，位数を決定する．

補題 4.10.3　(1)　$|\mathbf{T}| = \mathbf{12}$.　　(2)　$|\mathbf{O}| = \mathbf{24}$.　　(3)　$|\mathbf{I}| = \mathbf{60}$.

証明　(1)　正四面体の頂点の個数は 4 である．一つの頂点を回転により他の頂点に持っていくことができることは，直観的には明らかなので認めることにする．したがって，T は頂点の集合に推移的に作用する．一つの頂点を固定する T の元 (つまりその安定化群の元) は，原点とその頂点を結ぶ直線を軸とする回転しかない．下図は一番上の頂点の安定化群の元が回転であることを示したものである．一つの頂点に集まる辺の数は 3 なので，頂点の周りで $2\pi/3$ だけ回転させる T の元がある．逆に一つの頂点の安定化群の元は $2\pi/3, 4\pi/3$ の回転しかない．よって，一つの頂点の安定化群の位数は 3 である．したがって，$|\mathrm{T}| = 4 \times 3 = 12$ である．

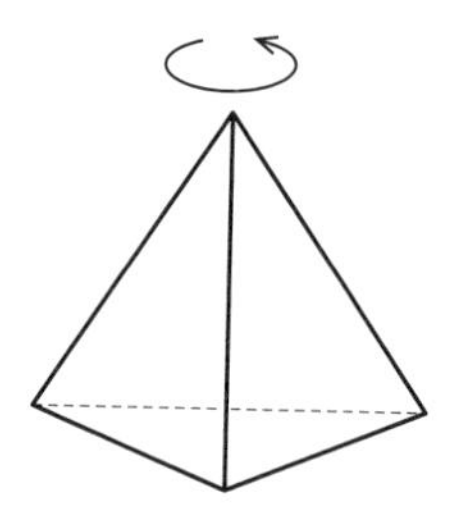

(2)　頂点の数は 6 で頂点に集まる辺の数は 4 である．よって，(1) と同様に $|\mathrm{O}| = 6 \times 4 = 24$ である．

(3)　頂点の数は 20 で頂点に集まる辺の数は 3 である．よって，(1) と同様に $|\mathrm{I}| = 20 \times 3 = 60$ である．　□

T, O, I は群としては，それぞれ $A_4, \mathfrak{S}_4, A_5$ と同型であることを示す．

定理 4.10.4　(1)　$\mathbf{T} \cong \boldsymbol{A_4}$.　　(2)　$\mathbf{O} \cong \boldsymbol{\mathfrak{S}_4}$.　　(3)　$\mathbf{I} \cong \boldsymbol{A_5}$.

証明　(1)　$g \in \mathrm{T}$ とする．正四多面体の頂点を $\{\mathrm{P}_1, \mathrm{P}_2, \mathrm{P}_3, \mathrm{P}_4\}$ とすると g はこの集合に作用する．この作用により定まる置換表現を $\rho : \mathrm{T} \to \mathfrak{S}_4$ とする．$\rho(\mathrm{T}) = A_4$ であることを示す．

$g \in \mathrm{T}$ を P_1 を固定する単位元でない元とすると，g は $\mathrm{P}_2, \mathrm{P}_3, \mathrm{P}_4$ の巡回置換を引き起こす．g が $\mathrm{P}_2 \to \mathrm{P}_3 \to \mathrm{P}_4 \to \mathrm{P}_2$ という置換を引き起こすなら，g^2

は $\mathrm{P}_2 \to \mathrm{P}_4 \to \mathrm{P}_3 \to \mathrm{P}_2$ という置換を引き起こすので，$\rho(\mathrm{T}) \supset \langle (234) \rangle$ である．g が $\mathrm{P}_2 \to \mathrm{P}_4 \to \mathrm{P}_3 \to \mathrm{P}_2$ という置換を引き起こす場合も同様である．同様に，P_2 を固定する元などを考えれば，$\rho(\mathrm{T})$ はすべての長さ 3 の巡回置換を含む．補題 4.9.1 より，$\rho(\mathrm{T}) \supset A_4$ である．$12 \leqq |\rho(\mathrm{T})| = |\mathrm{T}|/|\mathrm{Ker}(\rho)| \leqq 12$ なので，すべて等号で $\mathrm{Ker}(\rho) = \{1\}$ である．したがって，ρ は T から A_4 への同型を引き起こす．

(2) F_1, F_2, F_3, F_4 を正八多面体の一つの頂点 P に集まる面で，この順番に隣り合うようにとる (下図参照)．F_1', F_2', F_3', F_4' をそれぞれ F_1, F_2, F_3, F_4 に向かいあう面とし，

$$C_1 = \{F_1, F_1'\}, \quad C_2 = \{F_2, F_2'\},$$
$$C_3 = \{F_3, F_3'\}, \quad C_4 = \{F_4, F_4'\}$$

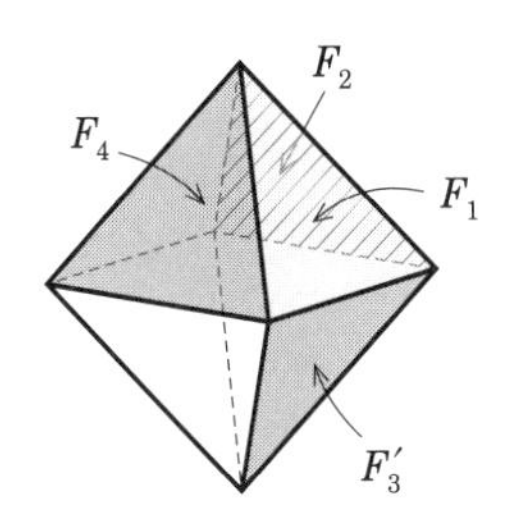

とおく．O は集合 $\{C_1, C_2, C_3, C_4\}$ に作用する．よって，置換表現 $\rho : \mathrm{O} \to \mathfrak{S}_4$ が定まる．すると，P のまわりの回転は $C_1 \to C_2 \to C_3 \to C_4 \to C_1$ という置換を引き起こす．したがって，$(1234) \in \rho(\mathrm{O})$ である．

上図で面 F_1 の三つの辺が移り合うように回転させると，この回転は O の元であり，$F_2 \to F_4 \to F_3' \to F_2$ と置換する．よって，この元は $C_2 \to C_4 \to C_3 \to C_2$ という置換を引き起こす．したがって，$(243) \in \rho(\mathrm{O})$ である．同様にして $\rho(\mathrm{O})$ はすべての 3 次の巡回置換を含むことがわかる．補題 4.9.1 より，$\rho(\mathrm{O}) \supset A_4$ である．(1234) は奇置換なので，$\rho(\mathrm{O}) = \mathfrak{S}_4$ である．$|\mathrm{O}| = 24$ なので，ρ は同型である．

(3) I を正十二面体群とみなす．正十二面体の頂点に次ページの左図のように番号をつけ $\mathrm{P}_1, \cdots, \mathrm{P}_{20}$ とする (図では $\mathrm{P}_1, \mathrm{P}_2, \cdots$ の代わりに単に数字 $1, 2, \cdots$ が表示されている)．

$C_1, \cdots, C_5$ を以下の集合を頂点の集合とする多面体とする．

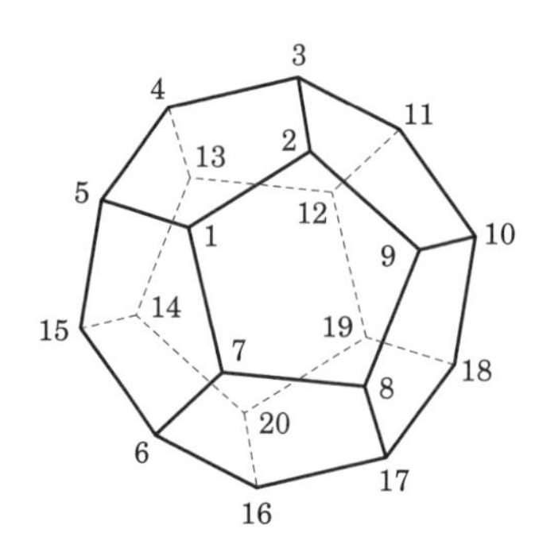

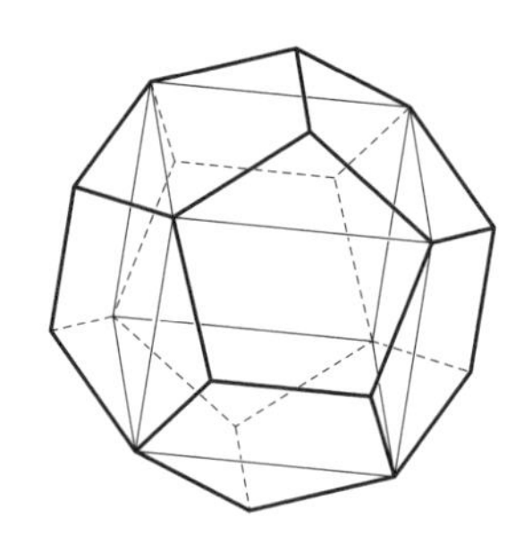

$$C_1:\ \{P_1,P_4,P_6,P_9,P_{11},P_{14},P_{17},P_{19}\},$$

$$C_2:\ \{P_2,P_5,P_6,P_8,P_{11},P_{13},P_{18},P_{20}\},$$

$$C_3:\ \{P_1,P_3,P_8,P_{10},P_{13},P_{15},P_{16},P_{19}\},$$

$$C_4:\ \{P_2,P_4,P_7,P_{10},P_{12},P_{15},P_{17},P_{20}\},$$

$$C_5:\ \{P_3,P_5,P_7,P_9,P_{12},P_{14},P_{16},P_{18}\}.$$

C_1 は上右図のように，正十二面体に内接する立方体である．

P_1,P_2,P_3,P_4,P_5 の面を，この面の外側から見て反時計回りに $2\pi/5$ だけ回転させる I の元を σ とすると，頂点は

$$P_1 \to P_2 \to P_3 \to P_4 \to P_5 \to P_1$$

$$P_6 \to P_8 \to P_{10} \to P_{12} \to P_{14} \to P_6$$

$$P_7 \to P_9 \to P_{11} \to P_{13} \to P_{15} \to P_7$$

$$P_{16} \to P_{17} \to P_{18} \to P_{19} \to P_{20} \to P_{16}$$

と移り合うことがわかる．これにより，$C_1,\cdots,C_5$ は

$$C_1 \to C_2 \to C_3 \to C_4 \to C_5 \to C_1$$

と移り合う．したがって，$C_2,\cdots,C_5$ も正十二面体に内接する立方体である．

また，頂点 P_1 に関する $2\pi/3$ の回転により，頂点は

$$P_1 \to P_1,\quad P_{19} \to P_{19},$$

$$P_2 \to P_5 \to P_7 \to P_2,\quad P_3 \to P_{15} \to P_8 \to P_3$$

$$P_4 \to P_6 \to P_9 \to P_4,\quad P_{10} \to P_{13} \to P_{16} \to P_{10}$$

$$P_{11} \to P_{14} \to P_{17} \to P_{11},\quad P_{12} \to P_{20} \to P_{18} \to P_{12}$$

と移り合う (前ページの図参照)．この回転を τ とおくと，τ により，

$$C_1 \to C_1, \quad C_2 \to C_5 \to C_4 \to C_2, \quad C_3 \to C_3$$

と移り合うことがわかる．

補題 4.10.5　A_5 は $(12345),(254)$ で生成される．

証明　明らかに $(12345),(254) \in A_5$ である．H をこれらの元で生成された A_5 の部分群とする．$(12345)^i(254)(12345)^{-i}$ $(i=0,1,2,3,4)$ を考えると，

$$(254),\ (315),\ (421),\ (532),\ (143) \in H$$

であることがわかる．

$$(254)(421) = (12)(45), \qquad (254)(12)(45)(254)^{-1} = (15)(24) \in H$$

なので，H は $\langle (12)(45),(15)(24) \rangle \cong \mathbb{Z}/2\mathbb{Z} \times \mathbb{Z}/2\mathbb{Z}$ を含む．よって，$|H|$ は 3,4,5 で割り切れ，$|H| \geqq 60$ である．$H \subset A_5$ なので，$H = A_5$ である．　□

$K \subset \mathrm{I}$ を σ,τ で生成された I の部分群とする．σ,τ は集合 $X = \{C_1,\cdots,C_5\}$ を不変にするので，K は X に作用する．この作用により定まる置換表現を $\rho : K \to \mathfrak{S}_5$ とする．$\rho(\sigma) = (12345)$，$\rho(\tau) = (254)$ なので，補題 4.10.5 より $\rho(K) \supset A_5$ である．$|K| \leqq |\mathrm{I}| = 60 = |A_5|$ なので，$K = \mathrm{I}$ であり，ρ は I から A_5 への同型となる[1]．　□

4 章の演習問題

4.1.1　$G = \{x_1 = 1,\ x_2 = (12)(34),\ x_3 = (13)(24),\ x_4 = (14)(23)\}$ をクラインの四元群とする．G の G への積による作用を考え，$\rho : G \to \mathfrak{S}_4$ を置換表現とするとき，$\rho(x_2),\rho(x_3),\rho(x_4)$ を求めよ．

4.1.2　例 4.1.14 (2) の状況において，$\rho((23))$ を求めよ．

4.1.3　例 4.1.15 の状況において，$\rho((132))$ を求めよ．

---

1)　この証明より I は X を不変にすることもわかった．実際には正十二面体に内接する頂点を共有する立方体はこれだけであることもわかるが，詳細は省略する．

4.1.4　$G = \mathfrak{S}_3$ の G への共役による作用で置換表現 ρ を考える．例 4.1.16 のように G の元に番号をつけるとき，$\rho((123))$ を求めよ．

4.1.5　G を四元数群とし，元に

$$x_1 = 1,\ x_2 = -1,\ x_3 = i,\ x_4 = -i,\ x_5 = j,\ x_6 = -j,\ x_7 = k,\ x_8 = -k$$

と番号をつける．G を G に左からの積で作用させ，$\rho : G \to \mathfrak{S}_8$ を置換表現とするとき，(1) $\rho(i)$，(2) $\rho(k)$ を求めよ．

4.1.6　x, y は群 G の元で x の位数は 7 とする．

(1)　$yxy^{-1} = x^3$ とするとき，$y^{100}xy^{-100}$ を求めよ．

(2)　$yxy^{-1} = x^5$ とするとき，$y^{1000}xy^{-1000}$ を求めよ．

4.1.7　$G = \mathrm{SO}(n)$，$V = \mathbb{R}^n$ とし，V 上で通常の内積による長さ (つまり $\boldsymbol{x} = [x_1, \cdots, x_n] \in \mathbb{R}^n$ に対し $\|\boldsymbol{x}\| = \sqrt{x_1^2 + \cdots + x_n^2}$) を考える．$G$ は $\mathrm{GL}_n(\mathbb{R})$ の部分群なので，V に作用する．このとき，$\boldsymbol{x} = [x_1, \cdots, x_n]$，$\boldsymbol{y} = [y_1, \cdots, y_n] \in V$ で $\|\boldsymbol{x}\| = \|\boldsymbol{y}\|$ なら，$\boldsymbol{x}, \boldsymbol{y}$ は同じ軌道に属することを証明せよ．

4.1.8　$G = \mathfrak{S}_n$ $(n \geqq 2)$ は $X = \{1, \cdots, n\}$ へ作用する (例 4.1.4)．$Y = X \times X$ とするとき，$\sigma \in G$，$(i, j) \in Y$ に対して，$\sigma((i, j)) = (\sigma(i), \sigma(j))$ と定義するとこれは G の Y への作用になる (このことは認める)．

(1)　$n = 4$，$\sigma = (1\,3\,2)$ の場合に，$\sigma((2, 4))$ を求めよ．

(2)　Y における G の軌道をすべて決定し，代表元をあげよ．

(3)　(2) の軌道の代表元に対し，安定化群を求めよ．

4.1.9　$G = \mathrm{GL}_2(\mathbb{R})$ は $\mathbb{R}^2$ へ作用する (例 4.1.5)．$\boldsymbol{x} = [1, 0]$ とするとき，次の (1), (2) に答えよ．

(1)　$\boldsymbol{x}$ の安定化群を求めよ．

(2)　$\boldsymbol{x}$ の軌道を記述せよ．

4.1.10　G を四元数群とする．

(1)　G の共役類をすべて決定せよ．

(2)　$1, i$ の中心化群を求めよ．

4.1.11　命題 4.1.10 の状況のように，P_8 を単位円に内接し，$[1, 0]$ を一つの頂点とする正 8 角形とする．P_8 の頂点を $A_1 = [1, 0]$ から反時計回りに $A_1, \cdots, A_8$ とする．P_8 には 4 個の対角線 $\ell_1 = \overline{A_1 A_5}$，$\cdots$，$\ell_4 = \overline{A_4 A_8}$ がある．

D_8 は集合 $X=\{\ell_1,\cdots,\ell_4\}$ に作用する (このことは認める)．したがって，置換表現 $\rho: D_8 \to \mathfrak{S}_4$ が定まる．

(1) $\sigma \in D_8$ を角度 $\pi/4$ の回転，$\tau \in D_8$ を x 軸に関して対称な点を対応させるものとするとき，$\rho(\sigma), \rho(\tau)$ を求めよ．

(2) ℓ_1 の安定化群を求めよ．

4.1.12　G が (a) D_4，(b) D_5 のそれぞれの場合に，次の (1), (2) に答えよ．

(1) G の共役類をすべて決定し，代表元をあげよ．

(2) (1) の代表元に対し，中心化群を求めよ．

4.1.13　$G=\mathrm{GL}_2(\mathbb{C})$ とする．次の $A \in G$ に対して，その中心化群を記述せよ．

(1) $A=\begin{pmatrix} 2 & 0 \\ 0 & 1 \end{pmatrix}$　　(2) $A=\begin{pmatrix} 2 & 1 \\ 0 & 2 \end{pmatrix}$

4.1.14　$G=\mathrm{SL}_2(\mathbb{R})$，$\mathbb{H}=\{z \in \mathbb{C} \mid \mathrm{Im}(z)>0\}$ とおく．$g=\begin{pmatrix} a & b \\ c & d \end{pmatrix}$ と $z \in \mathbb{H}$ に対し，$gz=(az+b)(cz+d)^{-1}$ と定義する．

(1) $cz+d \neq 0$ であり，$gz \in \mathbb{H}$ であることを証明せよ．したがって，$\mathbb{H} \ni z \mapsto gz \in \mathbb{H}$ は well-defined な写像である．

(2) $z \mapsto gz$ により，$\mathrm{SL}_2(\mathbb{R})$ は $\mathbb{H}$ に左から作用することを証明せよ．

(3) (2) の作用は推移的であることを証明せよ．

(4) $z=\sqrt{-1}$ での安定化群を求めよ．

4.1.15　G を群，X を G 上の実数値関数全体の集合とする．

(1) $g,h \in G$，$f \in X$ に対し，$(\rho(g)f)(h)=f(gh)$ と定義する．$X \ni f \mapsto \rho(g)f \in X$ は G の X への右作用になることを証明せよ．

(2) $g,h \in G$，$f \in X$ に対し，$(\rho(g)f)(h)=f(hg^{-1})$ と定義する．$X \ni f \mapsto \rho(g)f \in X$ は G の X への右作用になることを証明せよ．

(3) $g,h \in G$，$f \in X$ に対し，$(\rho(g)f)(h)=f(g^{-1}hg)$ と定義する．$X \ni f \mapsto \rho(g)f \in X$ は G の X への左作用になることを証明せよ．

4.1.16　G が $\mathfrak{S}_n$ の部分群で $\{1,\cdots,n\}$ に推移的に作用するなら，$|G|$ は n で割り切れることを証明せよ．

4.1.17　G は奇数位数の群で位数 17 の正規部分群 N を含むとする．

(1) $|\mathrm{Aut}\, N|$ を求めよ.

(2) N は G の中心に含まれることを証明せよ (ヒント： 共役による作用を考えよ).

4.1.18　位数 8 の群の類等式でないことが自明な考察でわかるのは次のうちどれか.

(1) $8 = 1+2+2+3$

(2) $8 = 1+1+2+2+2$

(3) $8 = 1+1+1+1+4$

(4) $8 = 1+1+1+1+1+1+2$

4.2.1　次の置換を共通する数のない巡回置換の積に表せ.

(1) $\begin{pmatrix} 1 & 2 & 3 & 4 & 5 & 6 & 7 & 8 & 9 & 10 \\ 5 & 2 & 8 & 6 & 1 & 10 & 9 & 4 & 7 & 3 \end{pmatrix}$

(2) $\begin{pmatrix} 1 & 2 & 3 & 4 & 5 & 6 & 7 & 8 & 9 & 10 \\ 6 & 10 & 4 & 2 & 8 & 1 & 5 & 7 & 3 & 9 \end{pmatrix}$

4.2.2　(1) $\mathfrak{S}_5$ のすべての共役類の代表元をあげよ.

(2) A_5 のすべての共役類の代表元をあげよ. A_5 の共役類の中で $\mathfrak{S}_5$ での共役類と一致しないものはどれか.

4.2.3　$\mathfrak{S}_6$ において $\sigma = (123)(456)$, $\tau = (413)(265)$ とする.

(1) $\nu\sigma\nu^{-1} = \tau$ となる ν を一つ求めよ.

(2) (1) の条件を満たす ν の個数を求めよ.

4.2.4　次の G と σ に対し, $\mathrm{Z}_G(\sigma)$ を求めよ.

(1) $G = \mathfrak{S}_4$, $\sigma = (12)$

(2) $G = \mathfrak{S}_4$, $\sigma = (12)(34)$

(3) $G = \mathfrak{S}_4$, $\sigma = (123)$

(4) $G = \mathfrak{S}_5$, $\sigma = (123)$

(5) $G = \mathfrak{S}_6$, $\sigma = (123)(456)$

(6) $G = \mathfrak{S}_6$, $\sigma = (12)(34)(56)$

4.2.5　$G = \mathfrak{S}_n$ $(n \geqq 3)$ とする.

(1) $\sigma = (12\cdots n)$ とするとき, $\mathrm{Z}_G(\sigma) = \langle\sigma\rangle$ であることを証明せよ.

(2) $\mathfrak{S}_n$ の中心は $\{1\}$ であることを証明せよ.

4.2.6　$\sigma \in G = \mathfrak{S}_n$ の型を $(\overbrace{j_1,\cdots,j_1}^{a_1},\overbrace{j_2,\cdots,j_2}^{a_2},\cdots,\overbrace{j_t,\cdots,j_t}^{a_t})$ とする. ただし $j_1 > \cdots > j_t$ である. このとき, $\mathrm{Z}_G(\sigma)$ は $(\mathbb{Z}/j_1\mathbb{Z})^{a_1} \times\cdots\times (\mathbb{Z}/j_t\mathbb{Z})^{a_t}$ と同型な

群 N を正規部分群として含み，$\mathrm{Z}_G(\sigma)/N \cong \mathfrak{S}_{a_1} \times \cdots \times \mathfrak{S}_{a_t}$ であることを証明せよ．

4.2.7☆　偶置換 $\sigma \in \mathfrak{S}_n$ の型を $(i_1,\cdots,i_l)$ とする．

(1)　$i_1,\cdots,i_l$ がすべて異なる奇数なら $\mathrm{Z}_{\mathfrak{S}_n}(\sigma) = \mathrm{Z}_{A_n}(\sigma)$ であることを証明せよ．したがって，σ の $\mathfrak{S}_n$ における共役類は A_n においては元の個数が等しい二つの共役類の和になる．

(2)　(1) 以外の場合には $[\mathrm{Z}_{\mathfrak{S}_n}(\sigma) : \mathrm{Z}_{A_n}(\sigma)] = 2$ であることを証明せよ．したがって，σ の $\mathfrak{S}_n$ における共役類は A_n においても一つの共役類になる．

4.2.8　$G = \mathfrak{S}_3$ とする．G の位数 2 の元の集合は $X = \{x_1 = (12),\ x_2 = (13),\ x_3 = (23)\}$ である．G は共役により X に作用する．$\rho : G \to \mathfrak{S}_3$ をこの作用による置換表現とするとき，ρ は同型であることを証明せよ．

4.2.9　$G = \mathfrak{S}_4$ とする．$X = \{x_1 = (12)(34),\ x_2 = (13)(24),\ x_3 = (14)(23)\}$ とおくと，G は共役により X に作用する．$\rho : G \to \mathfrak{S}_3$ をこの作用による置換表現とする．

(1)　$\rho((12)), \rho((123)), \rho((23))$ を求めよ．

(2)　ρ が全射であることを証明せよ．

(3)　$\mathrm{Ker}(\rho)$ を求めよ．

4.2.10☆　$\mathfrak{S}_4$ の部分群の共役類をすべて求めよ．そのなかで正規部分群はどれか？

4.3.1　(1)　$\sigma = (123),\ \tau = (23) \in \mathfrak{S}_3$ に対して，$[\sigma,\tau]$ を求めよ．

(2)　G を四元数群とするとき，$[i,j]$ を求めよ．

4.3.2　$i = 1,\cdots,n-1$ に対し，$N_i \subset \mathrm{GL}_n(\mathbb{C})$ を

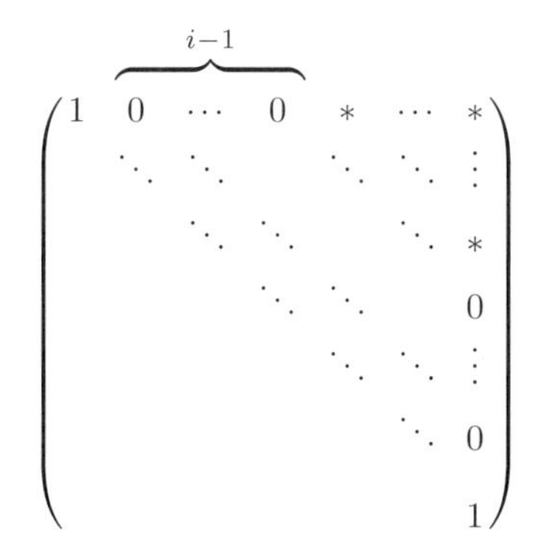

という形をした行列全体の集合とする．このとき，次の (1)–(3) を証明せよ．

(1) N_i は $\mathrm{GL}_n(\mathbb{C})$ の部分群である．

(2) $[N_1, N_i] \subset N_{i+1}$ である．

(3) N_1 はべき零群である．

4.4.1　p 群はべき零群であることを証明せよ．

4.4.2　p は素数，G は p 群で $H \subset G$ は指数 p の部分群とする．H が G の正規部分群であることを証明せよ．

4.5.1　$G = \mathfrak{S}_4$，Y を G の部分集合で元の個数が 2 個であるもの全体の集合とする．G は左からの積で Y に作用する．$\sigma = (132)$，$y = \{1, (12)(34)\} \in Y$ とおく．

(1) σy を求めよ．

(2) y の安定化群を求めよ．

4.5.2　$G = D_4 = \langle \sigma = (1234),\ \tau = (24) \rangle$ とする．

(1) G の位数 2 の部分群をすべて求めよ．

(2) G の位数 2 の部分群の集合を X とする．G は共役により X に作用するが，この作用による軌道をすべて求めよ．

(3) 各軌道の代表元を選び，それらの安定化群を求めよ．

4.5.3　p, q を異なる素数，G を位数 $n = pq$ の群 とする．

(1) G が単純群ではないことを証明せよ．

(2) $p > q$ で $p \not\equiv 1 \mod q$ なら，G は巡回群であることを証明せよ．

(3) (1), (2) があてはまる $n < 60$ をそれぞれについてすべてあげよ．

4.5.4 (位数 40, 42, 54 の群)　(1) G が位数 40 の群なら，G は単純群ではないことを証明せよ．

(2) G が位数 42 の群なら，G は単純群ではないことを証明せよ．

(3) G が位数 54 の群なら，G は単純群ではないことを証明せよ．

4.5.5 (位数 56 の群)　G を位数 56 の群，H, K をそれぞれシロー 2 部分群，シロー 7 部分群とするとき，H, K のどちらかは G の正規部分群であることを証明せよ．

4.5.6 (位数 30 の群)　G を位数 30 の群，H,K をそれぞれシロー 3 部分群，シロー 5 部分群とする．

(1)　H,K のどちらかは G の正規部分群であることを証明せよ．よって，$HK \subset G$ は部分群で $\mathbb{Z}/15\mathbb{Z}$ と同型である (例題 4.5.8 参照)．

(2)　G は $\mathbb{Z}/30\mathbb{Z}$, $\mathbb{Z}/3\mathbb{Z} \times D_5$, $\mathbb{Z}/5\mathbb{Z} \times D_3$, D_{15} のどれかと同型であることを証明せよ．

4.5.7　p,q が異なる素数，G を位数 p^2q の群，H,K をそれぞれシロー p 部分群，シロー q 部分群とする．

(1)　$p > q$ なら，H は G の正規部分群であることを証明せよ．

(2)　$p < q$ で K が正規部分群でないなら，K の共役の数は p^2 であることを証明せよ．

(3)　H と K のどちらかは正規部分群であることを証明せよ．

4.5.8 (位数 24,36,48 の群)　(1)　G を位数 24 の群，H を G のシロー 2 部分群とする．このとき，G の H の共役の集合への作用による置換表現を考えることにより G が単純群ではないことを証明せよ．

(2)　位数 36 の群は単純群ではないことを証明せよ．

(3)　位数 48 の群は単純群ではないことを証明せよ．

4.5.9　位数 $n < 60$ の群は非可換単純群ではないことを証明せよ．

4.6.1　$G = \langle x,y \mid x^4 = y^3 = 1,\ xy = y^2x \rangle$ とする．例題 4.6.7 より $|G| = 12$ である．G の中で x^2,y で生成された部分群は $\mathbb{Z}/6\mathbb{Z}$ に同型であることを証明せよ．

4.6.2　$n \geqq 3$ が整数なら，$\langle x,y \mid x^n = y^2 = 1,\ yxy = x^{-1} \rangle \cong D_n$ であることを証明せよ．

4.6.3　G が群で $x,y \in G$, $x^2 = y^5 = 1$, $xyx = y^2$ なら，$y = 1$ であることを証明せよ．

4.6.4☆ (1)　$n \geqq 3$, $x_1 = (1\,2), \cdots, x_{n-1} = (n-1\,n) \in \mathfrak{S}_n$ なら，

$$x_i^2 = 1,$$
$$x_i x_j = x_j x_i \qquad (|i-j| \geqq 2),$$
$$x_i x_{i+1} x_i = x_{i+1} x_i x_{i+1} \qquad (i = 1,\cdots,n-2)$$

であることを確認せよ．

(2)　H_n を $x_1,\cdots,x_{n-1}$ で生成され，(1) の関係で定義された群とするとき，$|H_n| \leqq n!$ であることを証明せよ．

(3)　$H_n \cong \mathfrak{S}_n$ であることを証明せよ．

4.6.5　$G = \langle x,y \mid x^7 = y^3 = 1,\ yxy^{-1} = x^2 \rangle$ とする．

(1)　$G = \{x^i y^j \mid i = 0,\cdots,6,\ y = 0,1,2\}$ であることを証明せよ．

(2)　$\mathfrak{S}_7$ の元 σ,τ で位数がそれぞれ 7,3 であり，$\tau\sigma\tau^{-1} = \sigma^2$ となるものがあることを証明せよ．

(3)　$|G| = 21$ であることを証明せよ．

4.6.6　$G = \langle x,y \mid x^{13} = y^3 = 1,\ yxy^{-1} = x^3 \rangle$ なら，$|G| = 39$ であることを証明せよ．

4.6.7　四元数群は $\langle x,y \mid x^4 = y^4 = 1,\ x^2 = y^2,\ yxy^{-1} = x^{-1} \rangle$ と同型であることを証明せよ．

4.6.8　(1)　$\sigma = (12)(34)$, $\tau = (123)$, $\nu = (234) \in A_4$ とすると，$\sigma\tau\nu = 1$ であることを確かめよ．また，A_4 は σ,τ,ν で生成されることを証明せよ．

(2)　$G = \langle x,y,z \mid x^2 = y^3 = z^3 = xyz = 1 \rangle$，$H$ を G のなかで z で生成された部分群とする．$S = \{1,y,y^2,y^2z\}$ とするとき，$HSy, HSz \subset HS$ であることを証明せよ．

(3)　$G = HS$ であることを示し，$|G| \leqq 12$ であることを証明せよ．

(4)　$A_4 \cong G$ であることを証明せよ．

4.6.9　(1)　$\sigma = (34)$, $\tau = (132)$, $\nu = (1234) \in \mathfrak{S}_4$ とすると，$\sigma\tau\nu = 1$ であることを確かめよ．また，$\mathfrak{S}_4$ は σ,τ,ν で生成されることを証明せよ．

(2)　$G = \langle x,y,z \mid x^2 = y^3 = z^4 = xyz = 1 \rangle$，$H$ を G のなかで z で生成された部分群とする．$S = \{1,y,y^2,y^2z,y^2z^2,y^2z^2y\}$ とすると $G = HS$ であることを証明せよ．

(3)　$\mathfrak{S}_4 \cong G$ であることを証明せよ．

4.6.10　(1)　$\sigma = (12)(34)$, $\tau = (153)$, $\nu = (12345) \in A_5$ とすると，$\sigma\tau\nu = 1$ であることを確かめよ．また，A_5 は σ,τ,ν で生成されることを証明せよ．

(2)　$A_5 \cong \langle x,y,z \mid x^2 = y^3 = z^5 = xyz = 1 \rangle$ であることを証明せよ．

4.6.11☆　G を生成元と関係式で定義された次の群 $\langle x,y \mid x^4 = y^3 = 1, xy = y^2x \rangle$ とする．この群の位数は 12 である (例題 4.6.7 参照).

(1) G の中心を求めよ．

(2) G の共役類をすべて求めよ．

(3) G の位数 3 の元の個数を求めよ．

4.6.12☆　$n \geqq 2,\ n \neq 6$ で，ϕ を $\mathfrak{S}_n$ の自己同型とする．

(1) σ が互換なら $\phi(\sigma)$ も互換であることを，演習問題 4.2.6 を使い証明せよ．

(2) $n \geqq 3$ で σ が長さ 3 の巡回置換なら，$\phi(\sigma)$ も長さ 3 の巡回置換であることを証明せよ．

(3) $a_1, \cdots, a_n \in \{1, \cdots, n\}$ が存在して $\phi((1\,i)) = (a_1\,a_i)$ $(i = 2, \cdots, n)$ となることを証明せよ．

(4) ϕ は内部自己同型であることを証明せよ．

4.6.13　演習問題 4.6.4 を使い，$\mathfrak{S}_6$ の自己同型 ϕ で

$$\phi((12)) = (12)(34)(56), \qquad \phi((23)) = (14)(25)(36),$$
$$\phi((34)) = (13)(24)(56), \qquad \phi((45)) = (12)(36)(45),$$
$$\phi((56)) = (14)(23)(56)$$

となるものがあることを証明せよ．$\mathfrak{S}_6$ の内部自己同型は互換を互換に移すので，ϕ は外部自己同型である．

4.7.1　p を奇素数とする．G を位数が $2p$ の非アーベル群とするとき，G は D_p に同型であることを証明せよ．

4.7.2　G が非可換な位数 21 の群なら，G は演習問題 4.6.5 の群に同型であることを証明せよ．

4.7.3　G が非可換な位数 39 の群なら，G は演習問題 4.6.6 の群に同型であることを証明せよ．

4.7.4　G が非可換な位数 8 の群なら D_4 または四元数群と同型になることを，次の (1)–(3) を示すことにより証明せよ．

(1) G は位数 8 の元を持たない．

(2) G は位数 4 の元を持つ．

(3) $x \in G$ が位数 4 の元で $y \notin \langle x \rangle$ なら，$yxy^{-1} = x^{-1}$ となる．

4.7.5☆　位数 18 の群を分類せよ．

4.8.1　$G = \mathbb{Z}/2\mathbb{Z} \times \mathbb{Z}/2\mathbb{Z} \times \mathbb{Z}/8\mathbb{Z} \times \mathbb{Z}/8\mathbb{Z} \times \mathbb{Z}/3\mathbb{Z} \times \mathbb{Z}/9\mathbb{Z} \times \mathbb{Z}/27\mathbb{Z} \times \mathbb{Z}/5\mathbb{Z} \times \mathbb{Z}/25\mathbb{Z} \times \mathbb{Z}/25\mathbb{Z} \times \mathbb{Z}/125\mathbb{Z} \times \mathbb{Z}/125\mathbb{Z}$ であるとき，G を定理 4.8.1 の主張の形に書け．

4.8.2　位数 16 のアーベル群 G で $\mathbb{Z}/4\mathbb{Z}$ と同型な部分群 H を持ち，$G/H \cong \mathbb{Z}/2\mathbb{Z} \times \mathbb{Z}/2\mathbb{Z}$ となるようなものをすべて求めよ．

4.9.1　巡回置換 (12345) を長さ 3 の巡回置換の積として表せ．

4.9.2　(1)　A_5 が単純群であることを使い，A_5 が $\mathfrak{S}_2, \mathfrak{S}_3, \mathfrak{S}_4$ への自明でない置換表現をもたないことを証明せよ．

(2)　A_5 には位数 15,20,30 の部分群は存在しないことを証明せよ．

4.9.3☆　G が位数 60 の単純群なら $G \cong A_5$ となることを，以下のようにして証明せよ．

(1)　$n \geqq 3$ なら，$\mathfrak{S}_n$ の指数 2 の部分群は A_n のみであることを証明せよ．

(2)　G が元の個数が 5 である集合上に自明でない作用を持てば，$G \cong A_5$ であることを証明せよ．これにより，以下 G は位数 12 の部分群を持たないと仮定してよい (その結果 $G \cong A_5$ であることを証明できれば，結局 $\{1, \cdots, 5\}$ 上に自明でない作用を持つが)．

(3)　G のシロー 3 部分群，シロー 5 部分群の数は，それぞれ 10,6 であることを証明せよ．

(4)　G の元で位数が 3,5 でないものの個数はいくつか？

(5)　G が位数 10 の元を持てば，G には位数 10 の元が少なくとも 12 個あることを示し矛盾を導け．

(6)　$x \in G$ の位数が 2 なら，$|\mathrm{Z}_G(x)| = 4$ であることを証明せよ．

(7)　$H_1 \neq H_2$ が G のシロー 2 部分群なら，$H_1 \cap H_2 = \{1\}$ であることを証明せよ．

(8)　G のシロー 2 部分群の数は 5 であることを証明せよ．したがって，$G \cong A_5$ である．

4.9.4☆　$n \geqq 3$, $n \neq 6$ で ϕ を A_n の自己同型とする．

(1)　A_n は $(1ij)$ $(i,j \neq 1,\ i \neq j)$ という形の元で生成されることを証明せよ．

(2)　$\sigma \in A_n$ が長さ 3 の巡回置換なら，$\phi(\sigma)$ も長さ 3 の巡回置換であることを証明せよ．

(3) $3 \leqq i \neq j \leqq n$ なら，$\phi((1\,2\,i)), \phi((1\,2\,j))$ は最初の二つの数字が同じであるような長さ 3 の巡回置換 (つまり $(abc), (abd)$ という形) であることを証明せよ．

(4) $a_1, \cdots, a_n \in \{1, \cdots, n\}$ が存在し，$\phi((1\,2\,i)) = (a_1\,a_2\,a_i)$ $(i = 3, \cdots, n)$ となることを証明せよ．

(5) $\sigma \in \mathfrak{S}_n$ が存在して，ϕ は σ による内部自己同型の A_n への制限であることを証明せよ．

4.10.1 O を立方体群とする．立方体の向き合う面を 1 組として，3 組よりなる集合を X とするとき，O は X に作用する．X の元に番号をつけて置換表現 $\rho : \mathrm{O} \to \mathfrak{S}_3$ を考えるとき，ρ は全射であることを証明せよ．

演習問題の略解

証明問題については，基本的には解答をつけないが，ヒントを書くことはある．また，典型的な誤解答を紹介することもある．その場合は正しい解答はつけない．正しい解答は自分で書くことが大切である．計算問題などでは，答えだけ書くことはある．計算問題をレポートで提出する場合，答えだけでなく，その過程を書かなくてはならない．以下，途中の議論を省略した最終的な答えだけの場合「答え」と書き，途中の議論も含む解答の場合「解答例」ということにする．

1.1.1 の答え　f は g，A, B は X．

1.1.2 の解答例　(1)　$\{3,4\}$　　(2)　$f^{-1}(S_1) = \emptyset$，$f^{-1}(S_2) = \{1,3,4,5\}$
(3)　全射ではない $(f^{-1}(S_1) = \emptyset)$　　(4)　単射ではない $(f(3) = f(5))$

1.1.3 の解答例　写像 $f : A \to B$ が全射とは，B のすべての元が A から来ていることである．f が単射とは，A の異なる元は B の異なる元に行くことである．

1.1.4 の解答例　全射：$f_1(x) = x+1$，$f_2(x) = x+2$，$f_3(x) = x^3 - 3x$ ($x \to \pm\infty$ で $f(x) \to \pm\infty$ なので，中間値の定理より f は全射)．単射：$g_1(x) = x$，$g_2(x) = x^3$，$g_3(x) = x$ $(x \geqq 0)$，$g_3(x) = x-1$ $(x < 0)$．これらとは違う例を考えよ．

1.1.9 の解答例　(1)　$5 > 4.5 > 4$ なので，$x = 4.5$ が反例．
(2)　$A = \mathbb{N}$，$B = \{0,1\}$．
(3)　$A = \{1,2,3\}$，$B = \{1,2\}$，$f : A \to B$ は写像で $f(1) = 1$，$f(2) = 2$，$f(3) = 1$．$S_1 = \{1,2\}$，$S_2 = \{2,3\}$ とすれば，$f(S_1) = f(S_2) = \{1,2\}$．$S_1 \cap S_2 = \{2\}$ なので，$f(S_1 \cap S_2) = f(\{2\}) = \{2\}$．しかし，$f(S_1) \cap f(S_2) = \{1,2\}$ なので，$f(S_1 \cap S_2) \neq f(S_1) \cap f(S_2)$．

1.1.10 の答え　(1)　$x = 3.5$ は A を満たし B を満たさない．$x = 1$ は B を満たし A を満たさない．よって，(d)．　(2)　(a)，　(3)　(b)．ただし (2), (3) には理由が必要．

1.1.11 の解答例 (1) A が成り立たず，B も成り立たない，かつ C が成り立たない．

(2) A が成り立ち，B, C 両方成り立たない．

(3) A が成り立ち B が成り立たない，または B が成り立ち A が成り立たない．

(4) 自然数 n があり，すべての実数 x に対し，$x \leqq 0$ または $\dfrac{1}{n} \leqq x$.

(5) ある $\varepsilon > 0$ があり，すべての $\delta > 0$ に対し，$x, y \in [0,1]$ があり，$|x-y| < \delta$ かつ $|f(x)-f(y)| \geqq \varepsilon$ となる．

1.1.12 の答え (1) 関係がある　(2) 関係がない

1.1.13 の解答例 何でもよいが，例えば，次の三つ．

(a) $X = \mathbb{R}$, $R = \{(x,y) \mid x \leqq 0\}$

(b) $X = \mathbb{R}$, $R = \{(x,y) \mid x$ は有理数，y は無理数$\}$

(c) $X = \{1,2,3\}$, $R = \{(1,2),(2,3)\}$

1.2.1 の解答例 例えば，$\mathbb{Z}$ の部分集合 S に対し，$x, y \in S$ をとり，$x-y$ を 5 で割った余りを S に対応させる場合，これが x, y によらず定まらないと，この定義は S に対して well-defined ではない．

1.2.2 の解答例 ベクトル空間を V とする．例えば，次の五つ．

(a) V の部分空間全体の集合

(b) V の零でない部分空間全体の集合

(c) V の和とスカラー倍を無視した単なる集合としての V (V にこれを対応させる対応を忘却関手 (forgetful functor) という)

(d) V から V への線形写像全体の集合

(e) V から V への線形写像全体の集合をベクトル空間とみなしたもの

2.1.3 の答え

	1	(12)	(13)	(23)	(123)	(132)
1	1	(12)	(13)	(23)	(123)	(132)
(12)	(12)	1	(132)	(123)	(23)	(13)
(13)	(13)	(123)	1	(132)	(12)	(23)
(23)	(23)	(132)	(123)	1	(13)	(12)
(123)	(123)	(13)	(23)	(12)	(132)	1
(132)	(132)	(23)	(12)	(13)	1	(123)

2.1.5 の答え $c = b^{-1}a^{-1}ba$

2.1.6 の答え　(1)　$\begin{pmatrix} 1 & 2 & 3 & 4 \\ 2 & 3 & 4 & 1 \end{pmatrix}$ (上下逆にして並べ換え)　(2)　$(13)(24)$

(3)　$\begin{pmatrix} 1 & 2 & 3 & 4 \\ 4 & 2 & 3 & 1 \end{pmatrix} = (14)$　(4)　(24)　(5)　(1243)　(6)　(13)

2.2.1 の答え　(1)　$\overline{2}$　(2)　$\overline{4}$　(3)　$\overline{6}$　(4)　$\overline{6}$

(5)　$\overline{4}^2 = \overline{2}$, $\overline{4}^4 = \overline{4}$. したがって，$\overline{4}^3 = \overline{1}$ (2.6 節のラグランジュの定理を使うと $\overline{4}^6 = \overline{1}$ がわかる). $\overline{4}^{32} = \overline{4}^{30}\overline{4}^2 = \overline{2}$.

2.2.2 の答え　(1)　$\overline{34}\times\overline{21} = \overline{12}$, $\overline{12}\times\overline{33} = \overline{6}$　(2)　$\overline{0}$　(3)　$\overline{22}$　(4)　$\overline{16}$

2.3.7 の誤解答　(1)　「$z \in G$ とする．このとき，$1, z, z^2, \cdots, z^{n-1}, z^n = 1 \in G$ なので，G は巡回群である」というのは完全な間違いである．また，

(2)　「$z \in G$ とする．このとき，$m \in \mathbb{Z}$ なら，$(z^m)^n = z^{mn} = 1$ なので，$z^m \in G$ がすべての m に対して成り立つ．よって，H は巡回群である」というのも，(1) とほぼ同じ間違いである．

読者はこれらが誤解答であることがわかるだろうか？　巡回群というのは，群のすべての元がある固定された元のべきになっているということなのであって，勝手にとった $z \in G$ のべきをいくら考えても証明できるはずがない．上の誤解答で，例えば $z = 1$ の場合を考えれば意味がないことがわかるだろう．この演習問題では**何が生成元か具体的に与える**ことがポイントである．そのためには**複素数を $\boldsymbol{re^{\theta\sqrt{-1}}}$ と表して考察する必要がある**．

2.3.8 のヒント　(1)　元の位数に注目せよ．　(2)　$|\mathbb{Q}| = \infty$ なので，もし $\mathbb{Q}$ が巡回群なら，$\mathbb{Q} \cong \mathbb{Z}$ であることに注目せよ．

2.3.9 のヒント　(1), (2) ともに，n に関する帰納法を使う．例えば (1) なら，$\sigma \in \mathfrak{S}_n$ に対し $\tau \in \langle \sigma_1, \cdots, \sigma_{n-1} \rangle$ で $\tau\sigma(n) = n$ となるようなものをみつけよ．

2.4.1 の答え　(1)　$\mathrm{GCD}(36, -48) = 12$, $\mathrm{LCM}(36, -48) = 144$.　(2)　互いに素

2.4.2 の答え　$265\cdot 3 - 395\cdot 2 = 5 = \mathrm{GCD}(265, 395)$.

2.4.3 の答え　(1)　$\overline{2}^{-1} = 4$, $\overline{3}^{-1} = 5$, $\overline{4}^{-1} = 2$, $\overline{5}^{-1} = 3$, $\overline{6}^{-1} = 6$. 答えだけでよい．　(2)　$\overline{3}^{-1} = \overline{95}$.

2.4.5 の答え　12

2.4.6 の答えとヒント　答えは $d/\mathrm{GCD}(d, n)$ である．証明は例題 2.4.21 の解答を参考にせよ．x^m といった x のべきを考えるとき，m は整数でなければならない．これがポイントでもあるが，議論の途中で整数であるかどうかわからないべきを考えるのは間違い．

2.4.7 の答え　演習問題 2.4.6 を使う. (1) $\overline{1},\cdots,\overline{4}$　(2) $\overline{1},\cdots,\overline{6}$　(3) $\overline{1},\overline{3},\overline{5},\overline{7}$ (4) $\overline{1},\overline{2},\overline{4},\overline{5},\overline{7},\overline{8}$　(5) $\overline{1},\overline{2},\overline{4},\overline{7},\overline{8},\overline{11},\overline{13},\overline{14}$

2.4.9 (1) の答え　それぞれ 4,6.

2.5.1 のヒント　この問題は well-defined という概念と関係している. このことを説明するために, $m=4$, $n=3$ の場合を考えてみよう. もし (2) の性質が成り立つなら, ϕ により

$$1_G = x^0 \mapsto y^0 = 1_H, \quad x = x^1 \mapsto y^1 = y, \quad x^2 \mapsto y^2,$$
$$x^3 \mapsto y^3 = 1_H, \quad 1_G = x^4 \mapsto y^4 = y$$

となる. しかし, ϕ は準同型なので $\phi(1_G) = \phi(x^4) = y = 1_H$ となり, y の位数が 3 であることに矛盾する.

このように, **S が群 G を生成し, H が群であるとき, 準同型 $G \to H$ による S の元の行き先を完全に任意に選ぶことはできない**. だから, well-defined であるかどうかということが問題になってくる.

このような説明をすると,「$m=4$, $n=2$ なら, $x \to x^2 \to x^3 \to x^4 = 1$ のとき, $y \to y^2 = 1$, $y^3 = y$, $y^4 = 1$ となり, $1 \to 1$ なので, well-defined である」といった解答を書く人がいるのだが, これは問題に答えていない. 上記の説明はどのような不都合が起こりうるかということを説明しているのであり, あくまでも,「$x^{i_1} = x^{i_2}$ なら $y^{i_1} = y^{i_2}$ という性質が成り立つために m,n が満たさなければならない必要十分条件を求めよ」という問題に答えなければならない.

また, この問題も「逆」を考察することが必要な問題である. つまり, 上のような「つじつまが合わない」ことがないということから, m,n に関する条件を得られるはずだが, そうして m,n に関する何らかの条件を得たら, その条件を満たす m,n に対して (1) の性質が成り立つことを証明しないと, m,n に関する必要十分条件を求めたことにはならない.

なお, この演習問題は $\mathbb{Z}/m\mathbb{Z}$ から $\mathbb{Z}/n\mathbb{Z}$ への自然な写像がいつ well-defined になるかという問題であると解釈できる. それは定理 2.10.5 を使えばほぼあたりまえである. この問題ができると, 2.10 節の準同型定理をかなり理解しやすくなる.

2.5.2 のヒント　なお, この問題では, $\phi_n(g)$ を定義するときに, g が群 G の元であるということ以外の情報を使っていないので, 写像 ϕ_n が well-defined であるかどうかは問題にならない.

2.5.4 のヒント　元の位数に注目せよ.

2.5.6 に関する注意　(1), (3) では $B = PAP^{-1}$ となる P をみつければよいが,

(2) では $B = PAP^{-1}$，$\det P = 1$ として矛盾を導かなくてはならない．$BP = PA$ という条件のほうが考えやすい．

2.5.7 の答えと注意　$\overline{k} \in (\mathbb{Z}/n\mathbb{Z})^\times$ なら，$\mathbb{Z}/n\mathbb{Z}$ の元に $\overline{k}$ をかける写像を $\phi_{\overline{k}}$ とする．すると，(1)–(5) の答えは以下のようになる．

(1) $\mathbb{Z}/4\mathbb{Z}$ ($\phi_{\overline{2}}$ を生成元とする巡回群．なお，$(\mathbb{Z}/5\mathbb{Z})^\times \cong \mathbb{Z}/4\mathbb{Z}$ である)　(2) $\phi_{\overline{3}}$ を生成元とする巡回群 $\mathbb{Z}/6\mathbb{Z}$　(3) $\mathbb{Z}/2\mathbb{Z}\times\mathbb{Z}/2\mathbb{Z}$ (生成元は $\phi_{\overline{3}}, \phi_{\overline{5}}$)　(4) $\phi_{\overline{2}}$ を生成元とする巡回群 $\mathbb{Z}/6\mathbb{Z}$　(5) $\mathbb{Z}/2\mathbb{Z}\times\mathbb{Z}/4\mathbb{Z}$ (生成元は $\phi_{\overline{11}}, \phi_{\overline{7}}$)

(a) $\phi \in \operatorname{Aut} G$ なら，$\phi(x) = \overline{k}x$ となる $\overline{k} \in \mathbb{Z}/n\mathbb{Z}$ がある．ϕ が自己同型なら，k は何か条件を満たさなければならない．逆に $\overline{k} \in \mathbb{Z}/n\mathbb{Z}$ なら，写像 $\phi : \mathbb{Z}/n\mathbb{Z} \to \mathbb{Z}/n\mathbb{Z}$ を $\phi(x) = \overline{k}x$ と定めることができる．ここで一言，この写像が well-defined であることを指摘するべきである．ほとんど自明なことだが，例えば，演習問題 2.5.2 に言及することなどが考えられる．その後，上で考えた k の条件が満たされるなら，ϕ が実際に自己同型になることを示さなくてはならない．

(b) $\phi_{\overline{k}}$ が同型であることを示すのに，すべての元の行き先を求めて全単射であることを示そうとする人がよくいるが，元の個数が例えば 100 だったらどうするのだろう．そのような非効率的な解答ではなく，命題 1.1.7 を参考にすべきである．

(c) 「群として決定する」ためには $\operatorname{Aut} G = \{\cdots\}$ というように，$\operatorname{Aut} G$ がどんな元よりなるか示した後，群 $\operatorname{Aut} G$ を巡回群や巡回群の直積，あるいは対称群となることなどを示さないと，「群を決定した」ことにならない．

2.5.9 の典型的な誤解答　各々の $g \in G$ に対して i_g は同型なので，全単射である．しかし，問題となっているのは，写像 $\phi : g \mapsto i_g$ の全単射性である．この写像 ϕ の全単射性と各々の i_g の全単射性を混同して i_g の全単射性を示そうとするのは，非常によくある間違いである．一般的にいって，写像に何かを対応させたり，写像の値が写像である場合に，学生諸君はこのような混同を起こしがちである．例えば，$i_g(h_1h_2) = \cdots$ などと考察を始めるのはこのような間違いである．i_g が自己同型であることは (2.5.20) などで証明してある．

この問題で一番のポイントは $|\operatorname{Aut} G| \leqq 6$ を示すことである．それには，$f \in \operatorname{Aut} G$ は G の生成元での値で定まることを使う．そのうえで ϕ が全射か単射であることを示すなどすれば解答にかなり近くなる．なお，ϕ の核はすべての G の元と可換な元全体の集合である (これを G の中心といい，定義 4.1.27 で定義する)．

2.7.1 の解答例　$\{1, (24)\}$ を完全代表系にとれることを示す．$\sigma \in G$ とする．$\sigma \in H$ なら，$\sigma \in H1H$ である．$\sigma \notin H$ なら，$\sigma \in H(24)H$ であることを示す．$\sigma(4) = i$ とすると，$i \neq 4$ である．$i \neq 2$ なら $(2i) \in H$ を左からかけて，$\sigma(4) = 2$ としてよ

い．$(24)\sigma \in H$ となるので，$\sigma \in H(24)H$ である．

2.8.1 の答え (1) $\sigma = (12) \in H$, $\tau = (24) \in \mathfrak{S}_5$ とすれば，$\tau\sigma\tau^{-1} = (14) \notin H$ なので，正規部分群ではない．

(2) 正規部分群でない (3) 正規部分群でない (4) 正規部分群 (5) 正規部分群

2.8.3 のヒント このような問題の場合，N_1N_2 が部分群であることもその根拠を示さなければならない．

2.8.4 の答えとヒント $\{1\}$, $\langle(12)\rangle$, $\langle(13)\rangle$, $\langle(23)\rangle$, $\langle(123)\rangle$, G. この中で正規部分群は 1, $\langle(123)\rangle$, G. 部分群の位数は 1,2,3,6 になるが，例えば部分群の位数が 2 なら，上のどれかになるということをきっちり書くことが大切．命題 1.1.7 の後のコメント参照．

2.8.5 の答えとヒント 部分群は $\{1\}$, $\langle -1\rangle$, $\langle i\rangle$, $\langle j\rangle$, $\langle k\rangle$, G. すべての部分群が正規部分群．部分群の位数は 1,2,4,8 となる．部分群の位数が 4 なら，位数 4 の元があるかどうか考える．$\mathbb{Z}/4\mathbb{Z}$ でなければ，位数 2 の元が複数あるか，などと考察する．命題 4.4.4 を使えばいくぶん簡単になるが，使わなくても解答できる．

2.9.1 の答え (1) $\mathbb{Z}/3\mathbb{Z}\times\mathbb{Z}/5\mathbb{Z}$ (2) $\mathbb{Z}/4\mathbb{Z}\times\mathbb{Z}/7\mathbb{Z}$

(3) $\mathbb{Z}/3\mathbb{Z}\times\mathbb{Z}/4\mathbb{Z}\times\mathbb{Z}/5\mathbb{Z}$ (4) $\mathbb{Z}/8\mathbb{Z}\times\mathbb{Z}/25\mathbb{Z}\times\mathbb{Z}/7\mathbb{Z}$

2.9.2 のヒント $\phi(g_1,1) = \phi_1(g_1)$ などとおき，$(g_1,1)$ の位数と $\phi_1(g_1)$ の位数に注目せよ (演習問題 2.5.3 参照).

2.9.3 の答え (1) 77 (2) 389

2.10.2 のヒント $\mathbb{R}$ から $\mathbb{R}/a\mathbb{Z}$ への準同型を，核が $\mathbb{Z}$ であるように作る．

2.10.5 の答え (1) 3 個 (2) 14 個

2.10.6 の答え 3 個．例題 2.10.12 参照．

2.10.8 の答え (1) $n\mathbb{Z}/12\mathbb{Z}$. ただし，$n = 1,2,3,4,6,12$.

(2) $n\mathbb{Z}/18\mathbb{Z}$. ただし，$n = 1,2,3,6,9,18$.

2.10.9 のヒント (1) もし位数 3 の元がなければ，演習問題 2.4.8 を利用して，位数 2 の部分群 H により G/H を考える．G/H の生成元の代表元を考え矛盾を導け．

(2) 演習問題 2.5.3 (1) を使う．

4.1.1 の答え $\rho(x_2) = x_2$, $\rho(x_3) = x_3$, $\rho(x_4) = x_4$.

4.1.2 の答え　$\rho((23)) = (14)(26)(35)$.

4.1.3 の答え　$\rho((132)) = \rho((123)^2) = \rho((123))^2 = (132)$.

4.1.4 の答え　$\rho((123)) = (243)$.

4.1.5 の答え　$\rho(i) = (1324)(5768)$, $\rho(k) = (1728)(3546)$.

4.1.6 の答えと解答例　(1)　x^4　　(2)　$y^2xy^{-2} = x^{25} = x^4$, $y^3xy^{-3} = x^{25} = x^{20} = x^6$, $y^4xy^{-4} = x^{30} = x^2$, $y^5xy^{-5} = x^{10} = x^3$, $y^6xy^{-6} = x^{15} = x$. よって, $y^{1000}xy^{-1000} = y^4(y^{996}xy^{-996})y^{-4} = y^4xy^{-4} = x^2$.

4.1.7 のヒント　$\boldsymbol{x} = [1,0,\cdots,0]$ の場合に帰着して考えると, 考えやすい.

4.1.8 の答え　(1)　(1,4)

(2)　$\{(1,2),(1,1)\}$ が軌道の完全代表系.

(3)　(1,2) の安定化群は $\mathfrak{S}_{n-2}$ ($\{3,\cdots,n\}$ の置換), (1,1) の安定化群は $\mathfrak{S}_{n-1}$ ($\{2,\cdots,n\}$ の置換).

4.1.9 の解答例　(1)　$g = \begin{pmatrix} a & b \\ c & d \end{pmatrix}$ で $g\boldsymbol{x} = \boldsymbol{x}$ なら, $a = 1$, $c = 0$. したがって, $\boldsymbol{x}$ の安定化群は

$$\left\{ \begin{pmatrix} 1 & b \\ 0 & d \end{pmatrix} \middle| \ b \in \mathbb{R},\ d \in \mathbb{R}^\times \right\}.$$

(2)　$g\boldsymbol{x} = \boldsymbol{y}$ なら, $\boldsymbol{y} \neq [0,0]$ である. 逆に $\boldsymbol{y} \neq [0,0]$ なら, $\boldsymbol{y}$ を第 1 列に持つ $\mathrm{GL}_2(\mathbb{R})$ の元 g がある. すると, $g\boldsymbol{x} = \boldsymbol{y}$. したがって, $\boldsymbol{x}$ の軌道は $\mathbb{R}^2 \setminus \{[0,0]\}$ である.

4.1.10 の答え　(1)　$\{\pm 1, i, j, k\}$ が共役類の完全代表系.

(2)　$1, i$ の中心化群はそれぞれ $G, \{\pm 1, \pm i\}$.

4.1.11 の答え　(1)　$\rho(\sigma) = (1234)$, $\rho(\tau) = (24)$.　　(2)　$\langle \sigma^4, \tau \rangle$

4.1.12 の答え　(a)　$G = D_4 = \langle \sigma, \tau \mid \sigma^4 = \tau^2 = 1,\ \tau\sigma\tau = \sigma^{-1} \rangle$ の場合：(1)　$\{1, \sigma, \sigma^2, \tau, \sigma\tau\}$　　(2)　$1, \sigma, \sigma^2, \tau, \sigma\tau$ に対してそれぞれ $G, \langle\sigma\rangle, G, \langle\sigma^2, \tau\rangle, \langle\sigma^2, \sigma\tau\rangle$.
(b)　$G = D_5 = \langle \sigma, \tau \mid \sigma^5 = \tau^2 = 1,\ \tau\sigma\tau = \sigma^{-1} \rangle$ の場合：(1)　$\{1, \tau, \sigma, \sigma^2\}$
(2)　$1, \tau, \sigma, \sigma^2$ に対してそれぞれ $G, \langle\tau\rangle, \langle\sigma\rangle, \langle\sigma\rangle$.

4.1.13 の答え　(1)　$\left\{ \begin{pmatrix} a & 0 \\ 0 & b \end{pmatrix} \middle| \ a, b \in \mathbb{C}^\times \right\}$　　(2)　$\left\{ \begin{pmatrix} a & b \\ 0 & a \end{pmatrix} \middle| \ a \in \mathbb{C}^\times,\ b \in \mathbb{C} \right\}$

4.1.14 の解答例　(1)　$c = 0$ なら $ad - bc = 1$ なので $d \neq 0$. よって, $cz + d = d \neq 0$. $c \neq 0$ なら, $cz \notin \mathbb{R}$ なので $cz + d \neq 0$. $gz = (az+b)(c\overline{z}+d)/|cz+d|^2$ なので, $z = x + y\sqrt{-1}$ なら, $(az+b)(c\overline{z}+d)$ の虚数部分は $(ad - bc)y = y > 0$. した

がって，$gz \in \mathbb{H}$ である．

(2) gz は $g[z,1]$ をスカラー倍して $[w,1]$ という形にしたときの w である．$g,h \in G$ なら，$g(h[z,1]) = (gh)[z,1]$ なので，$c_1 h[z,1] = [z_1,1]$，$c_2 g[z_1,1] = [w,1]$ $(c_1,c_2 \in \mathbb{C}^\times)$，なら，$c_1c_2gh[z,1] = [w,1]$ である．したがって，$g(hz) = (gh)z$ となり，$z \to gz$ は群作用である．

(3) $z = x+y\sqrt{-1} \in \mathbb{H}$ なら，$\begin{pmatrix} \sqrt{y} & x \\ 0 & \sqrt{y}^{-1} \end{pmatrix}\sqrt{-1} = z$ である．したがって，作用は推移的である．

(4) $g = \begin{pmatrix} a & b \\ c & d \end{pmatrix}$ なら，$g\sqrt{-1} = \sqrt{-1}$ は $a\sqrt{-1}+b = (c\sqrt{-1}+d)\sqrt{-1} = d\sqrt{-1} -c$ と同値である．つまり，$a = d$, $b = -c$ である．$g \in G$ なので，$a^2+b^2 = c^2+d^2 = 1$ である．これは $g \in \mathrm{SO}(2)$ を意味する．逆も成り立つので，$\sqrt{-1}$ の安定化群は $\mathrm{SO}(2)$ である．

4.1.17 (1) の答え 16

4.1.18 の答え (1), (4).

4.2.1 の答え (1) $(15)(2)(384610)(79)$ (2) $(16)(210934)(587)$

4.2.2 の答え (1) $\{1,(12),(123),(1234),(12345),(12)(34),(12)(345)\}$

(2) $\{1,(123),(12345),(13452),(12)(34)\}$．証明は例題 4.2.7 を参考にせよ．$\mathfrak{S}_5$ での共役類と異なるのは，$(12345),(13452)$ の共役類．

4.2.3 の答え (1) $\begin{pmatrix} 1 & 2 & 3 & 4 & 5 & 6 \\ 2 & 6 & 5 & 4 & 1 & 3 \end{pmatrix}$ (2) 18 個． (1) は別の解答を，(2) は証明を自分で考えること．

4.2.4 の答え (1) $\tau\sigma\tau^{-1} = (\tau(1)\tau(2)) = \sigma$ なので，$\tau \in \mathrm{Z}_G(\sigma)$ であることは，$\{\tau(1),\tau(2)\} = \{1,2\}$ であることと同値である．したがって，$\mathrm{Z}_G(\sigma) = \langle (12),(34) \rangle$ である．

(2) $\langle (12),(34),(13)(24) \rangle$ (3) $\langle \sigma \rangle$

(4) $\langle (123),(45) \rangle$

(5) $\tau\sigma\tau^{-1} = (\tau(1)\tau(2)\tau(3))(\tau(4)\tau(5)\tau(6))$ なので，$\nu = (14)(25)(36)$ とおけば，$\nu,(123),(456) \in \mathrm{Z}_G(\sigma)$ である．$\mathrm{Z}_G(\sigma) = \langle \nu,(123),(456) \rangle$ であることを示す．上の議論より $\mathrm{Z}_G(\sigma) \supset \langle \nu,(123),(456) \rangle$ である．

$\tau \in \mathrm{Z}_G(\sigma)$ なら，$\{\tau(1),\tau(2),\tau(3)\} = \{1,2,3\}$ または $\{4,5,6\}$ である．後者の場合，τ の代わりに $\nu\tau$ を考えれば，$(\tau(1)\tau(2)\tau(3)) = (123)$，$(\tau(4)\tau(5)\tau(6)) = (456)$ となる．$\tau(1) = 1$ なら，$\tau(2) = 2$, $\tau(3) = 3$ となる．同様に $\tau(1) = 2,3$ の場合も $\tau(2),\tau(3)$ は決まる．$\tau(4),\tau(5),\tau(6)$ も同様である．よって，$\tau \in \langle (123),(456) \rangle$

である．したがって，$\mathrm{Z}_G(\sigma) = \langle \nu, (123), (456) \rangle$ である．

(6)　$\langle (12), (34), (56), (13)(24), (35)(46) \rangle$．なお，$(13)(24), (35)(46)$ は $\mathfrak{S}_3$ と同型な群を生成する．

4.2.5 のヒント　(1) で $\sigma \in \mathrm{Z}_G(\sigma)$ は明らかなので，必要なら $\langle \sigma \rangle$ の元をかけて，$\tau \in \mathrm{Z}_G(\sigma)$ で $\tau(1) = 1$ として考察を始めると効率的である．

4.2.9 (1), (3) の答え　(1)　$\rho((12)) = (23)$，$\rho((123)) = (132)$，$\rho((23)) = (12)$．

(3)　$\{1, x_1, x_2, x_3\}$ (= クラインの四元群)．

4.2.10 の答え　$\{1\}$, $\langle (12) \rangle$, $\langle (12)(34) \rangle$, $\langle (123) \rangle$, $\langle (1234) \rangle$, $\langle (12), (34) \rangle$, $N = \langle (12)(34), (13)(24) \rangle$, $\mathfrak{S}_3$ ($\{1,2,3\}$ の置換), $D_4 = \langle (1234), (24) \rangle$, A_4, $\mathfrak{S}_4$．正規部分群は $\{1\}, N, A_4, \mathfrak{S}_4$．

演習問題 2.10.9 は位数 6 の群の分類の問題だが，仮にそれを認めて，可換でない位数 6 の部分群が $\mathfrak{S}_3$ と同型であったとしても，それが $\{1,2,3\}$ などの置換として $\mathfrak{S}_4$ の部分群になっている $\mathfrak{S}_3$ と共役であるという保証はない．これはこの問題で学生諸君がよく誤解するところである．部分群の位数は $1, 2, 3, 4, 6, 8, 12, 24$ なので，部分群に含まれる元の位数を考察し，泥臭く議論を進めるしかない．ただ共役類の問題なので，部分群に含まれる元の一つは共役類の代表系からとることができる．また，位数 8 の部分群はシロー部分群であること，位数 12 の部分群は指数 2 で演習問題 2.8.2 が使えることなどより，考察がいくぶん簡単になる．

4.3.1 の答え　(1)　(132)　　(2)　-1

4.4.1 のヒント　命題 4.4.3 を使えばよい．

4.4.2 のヒント　H の G/H への作用を考えよ．

4.5.1 の答え　(1)　$\{(132), (234)\}$　　(2)　$\langle (12)(34) \rangle$

4.5.2 の答え　(1)　$\langle \tau \rangle$, $\langle \sigma\tau \rangle$, $\langle \sigma^2\tau \rangle$, $\langle \sigma^3\tau \rangle$, $\langle \sigma^2 \rangle$.

(2)　$\langle \tau \rangle$, $\langle \sigma\tau \rangle$, $\langle \sigma^2 \rangle$.

(3)　(2) のそれぞれに対し，$\langle \tau, \sigma^2 \rangle$, $\langle \sigma\tau, \sigma^2 \rangle$, G.

4.5.3 (3) の答え　$6, 10, 14, 15, 21, 22, 26, 33, 34, 35, 38, 39, 46, 51, 55, 57, 58$.

(2) に該当するのは $15, 33, 35, 51$.

4.5.4 のヒント　どれもやさしく，合同条件だけでシロー部分群のどれかが正規部分群になることが証明できる．

4.5.6 のヒント　(2) ではシロー 2 部分群の生成元による共役は HK の自己同型

で位数が高々 2 であるものを引き起こすことに注意せよ.

4.5.8 のヒント (1) シロー 2 部分群の数は 1 か 3 である. 置換表現の核を考えよ. (2), (3) も同様.

4.6.4 のヒント H_n の任意の元が $x_1,\cdots,x_{n-1}$ の語 (4.6 節の最初参照) で x_{n-1} が高々 1 回しか現れないもので表されることを n に関する帰納法で証明せよ. 次に $\tau_i = x_i x_{i+1}\cdots x_{n-1}$ $(i=1,\cdots,n-1)$ とするとき, H_n の任意の元は, x_{n-1} が現れない語であるか, x_{n-1} が現れない語 y により $\tau_i y$ $(1 \leqq i \leqq n-1)$ という形で表されることを n に関する帰納法で証明せよ. これを利用して $|H_n| \leqq n!$ であることを証明せよ.

4.6.5 のヒント (2) では $\sigma = (1234567)$ となるように σ を選ぶとして, τ をどのように選ぶかが問題になる.

4.6.6 のヒント $\sigma = (1\,2\,3\,\cdots\,13)$ となるように σ を選ぶとして, τ をどのように選ぶかが問題になる.

4.6.8 のヒントとコメント (2) を証明するには, 例えば y^2zy が HS の元であることを関係式を使って示す必要がある. $xyz=1$ なので, $yz=x^{-1}$ となり, $yzyz=1$ である. よって, $zyzy=1$, $yz=z^{-1}y^{-1}$, $zy=y^{-1}z^{-1}$ などの関係式が成り立つ. これらの関係式を使うと,

$$y^2zy = y(z^{-1}y^{-1})y = yz^2 = (z^{-1}y^{-1})z = z^2(y^2z) \in HS$$

である.

結果的にこの場合には S は $H\backslash G$ の完全代表系になることがわかる. しかし, どのようにして S にあたるものをみつけるかということは一般には簡単ではない. この場合には, 試行錯誤で完全代表系として問題の S がとれることは比較的容易にわかるが, 一般にはほとんど「トッド-コクセターの方法」のようなことを行わなければならない. 演習問題 4.6.9, 4.6.10 でも同様なので, トッド-コクセターの方法をこの場合を例として, 証明なしに解説する ([16, pp.351–356], [17, I, p.175–177] 参照).

この場合, 群を $\langle y,z \mid y^3=z^3=(yz)^2=1\rangle$ とみなし, 最初に関係式に対応して下の表の上の行のように書いておく.

	y	y	y	z	z	z	y	z	y	z
1	2	3	1	1	1	1	2	4	5	1

まず, $H\backslash G$ の元を数字で表し, y,z を右からかけ, とりあえず新たな剰余類が出てくるたびに新たな数字を書く. 関係式 $y^3=1$ などから, $g\in G$ なら, $Hgyyy=$

$Hgzzz = Hgyzyz = Hg$ である．なぜ G/H でなく $H\backslash G$ を考えたかというと，$yzyz$ を左からかけると z が最初にかかるので，表で関係式 $yzyz = 1$ に対応する部分のかける順序が逆になるからである．

H の類を 1 とし，新たな類を書いていくと，$1y = 2$，$2y = 3$ の後，$y^3 = 1$ なので，$3y = 1$ となる．次に $z \in H$ なので，$1z = 1$ である．$1y = 2$ はわかっているので，$yzyz = 1$ に対応する部分の最初は 2 になる．$2z$ は出てきていないので，新たな数字 4 とする．同様に $4y = 5$ とする．

ここで $\mathbf{5 = 1}$ がわかる．なぜかというと，G の $H\backslash G$ への右作用は全単射であり，$1z = 1$，$5z = 1$ なので，$5 = 1$ となるからである．**同様に $\boldsymbol{3y = 1}$，$\boldsymbol{4y = 1}$ なので，$\mathbf{4 = 3}$** である．この変更を反映させ，剰余類 2 に同様のことを行うと次のようになる．

	y	y	y	z	z	z	y	z	y	z
1	2	3	1	1	1	1	2	3	1	1
2	3	1	2	3	4	2	3	4	5	2

このように**前のステップでわかっている行き先だけでなく，行き先が同じものは同じであるということを使って，数字を書き換える**．これを繰り返す．なお，このステップの 4,5 は一つ前のステップの 4,5 ではない．最初のステップで $1, \cdots, 5$ と数字を使ったが，4,5 の類は 3,1 の類と同じだった．後のステップで再び新たな類を表す必要が生じたときには，数字の 6 から使い始めるのではなく，前のステップで必要なくなった 4,5 を再び使うことにする．つまり，数字を「リサイクル」する．$4z = 2$，$5z = 2$ なので，**$\mathbf{5 = 4}$ がわかる**．続けると，

	y	y	y	z	z	z	y	z	y	z
1	2	3	1	1	1	1	2	3	1	1
2	3	1	2	3	4	2	3	4	4	2
3	1	2	3	4	2	3	1	1	2	3
4	4	4	4	2	3	4	4	2	3	4

となる．この時点で**すべての数字の $\boldsymbol{y, z}$ の作用による行き先が確定**している．有限回でこのような状態になれば，**この表に現れる数字の個数が $\boldsymbol{|H\backslash G|}$** であることが(本書では証明しなかったが) わかっている．この方法を **トッド-コクセターの方法**という．$3z = 4$ なので，$1, y, y^2, y^2z$ が対応する剰余類である．この問題の S はこのようにして得られた．いったんこの S が得られれば，$|G|$ を上から評価することができる．下からの評価は実際にその生成元と関係式を持つ群をみつければよい．この問題

で $|G| = 12$ であることの確認は各自試されたい.

なお, 最初に $y^2zy \in HS$ であることを確かめたが, この元の S の元にあたる部分は y^2z だった. これは上の表の一番下で $4y = 4$ という部分からわかる. この答えがわかっていると, $(y^2zy)(y^2z)^{-1}$ を計算し H の元になっていることを確かめればよいので, 見通しがあきらかになる.

4.6.9 に関するコメント この問題の S もトッド-コクセターの方法により得られたものである. トッド-コクセターの方法の結果だけ書くと次のようになる.

	y	y	y	z	z	z	z	y	z	y	z
1	2	3	1	1	1	1	1	2	3	1	1
2	3	1	2	3	4	5	2	3	4	5	2
3	1	2	3	4	5	2	3	1	1	2	3
4	5	6	4	5	2	3	4	5	2	3	4
5	6	4	5	2	3	4	5	6	6	4	5
6	4	5	6	6	6	6	6	4	5	6	6

4.6.10 に関する注意 演習問題 4.6.8, 4.6.9 の S に対応するものをみつけるところから試されたい.

4.7.1 のヒント x, y をそれぞれシロー 2 部分群, シロー p 部分群の生成元とするとき, $xyx = y^a$ $(a = 1, \cdots, p-1)$ という関係式が成り立つことを示し, $x^2 = 1$ であることから, a の可能性を限定せよ.

4.7.2 のヒント シロー 7 部分群が正規部分群であることを示せ. その後, 演習問題 4.7.1 と同様に $x^7 = y^3 = 1$, $yxy^{-1} = x^a$ という形の関係式を得て $y^3 = 1$ という条件から a を限定するが, シロー 7 部分群の生成元を取り換えるなどして, $a = 2$ とできることを示せ. 演習問題 4.7.3 も同様である.

4.7.5 のヒント シロー 3 部分群 H は命題 4.4.4 より可換である. H が正規部分群であることを示し, シロー 2 部分群の生成元の共役による作用を考えよ. H は $\mathbb{Z}/9\mathbb{Z}$ か $(\mathbb{Z}/3\mathbb{Z})^2$ だが, 後者の場合, $\mathbb{Z}/3\mathbb{Z}$ 上のベクトル空間とみなし, 作用が線形写像になることを証明し, その表現行列のジョルダン標準形を考えよ.

4.8.1 の答え $\mathbb{Z}/5\mathbb{Z} \times \mathbb{Z}/50\mathbb{Z} \times \mathbb{Z}/150\mathbb{Z} \times \mathbb{Z}/9000\mathbb{Z} \times \mathbb{Z}/27000\mathbb{Z}$

4.8.2 の答え $\mathbb{Z}/8\mathbb{Z} \times \mathbb{Z}/2\mathbb{Z}$, $\mathbb{Z}/4\mathbb{Z} \times \mathbb{Z}/2\mathbb{Z} \times \mathbb{Z}/2\mathbb{Z}$

4.9.1 の答え $(1\,2\,3)(3\,4\,5)$

4.9.3 に関する注意　位数 168 の単純群も一つしかなく，$\mathrm{PSL}_2(\mathbb{F}_7), \mathrm{PSL}_3(\mathbb{F}_2)$ に同型であることが知られている．これについては『群論 (上)』[4, p.105, 例 4] を参照せよ．

4.9.4 に関する注意　$\mathrm{Aut}\, A_6 \lhd \mathrm{Aut}\, \mathfrak{S}_6$ で $\mathrm{Aut}\, \mathfrak{S}_6/\mathrm{Aut}\, A_6 \cong \mathbb{Z}/2\mathbb{Z} \times \mathbb{Z}/2\mathbb{Z}$ であることが知られている．これについては [4, p.298, 問題 6] を参照せよ．

参考文献

まえがきでも述べたように，本書はアルティンの本 [12] のような，例や演習問題の豊富な教科書を目標にしている．日本にも代数の教科書は多い．著者が学生のときに最初に使った代数の教科書は [5] である．これ以外にも代表的な代数の教科書としては [6], [7], [8] などがある．

[5] は付値体，順序体や体の超越拡大についての記述が詳しいが，群論についての解説はいくぶん少なめである． [7] は群論についての解説が詳しい． [6] はホモロジー代数も含め，さまざまな話題について簡潔にまとめている．[8] は話題を絞って，簡潔に記述されている．

英語で書かれた教科書としては，アルティンの本 [12] の他に [13], [14], [19] も定評がある．[12] はリー群や表現論に関する解説も含んでいる．[13] は 900 ページを越える長さだが，可換環論・表現論・ホモロジー代数についても詳しく解説している．[14] もとても丁寧に詳しく書かれた良書である．

集合論については [1] が有名だが，[9] もわかりやすい．

群論は [4] が有名だが長大である．また，[10], [16] も興味深い．有限群の表現論については，第 3 巻で解説するが，[11] が有名である．[15] は少し長いが例が豊富でとてもわかりやすい．

本書の類等式の扱いや，位数 12 の群の分類については [12] を参考にした．演習問題の略解で少しだけ解説したトッド-コクセターの方法については，[12] と [4] を参考にした．正多面体群については，[12] を参考にしたが，同型の証明方法はいくぶん異なっている． 演習問題でも，演習問題 2.5.1, 4.6.12 などをはじめとして，[12] と [4] を参考にしたものがある．

[1] 松坂和夫, 『集合・位相入門』, 岩波書店, 1968.
[2] O. オア (著), 安藤洋美 (訳), 『カルダノの生涯――悪徳数学者の栄光と悲惨』, 東京図書, 1978.
[3] 高木貞治, 『近世数学史談』(岩波文庫), 岩波書店, 1995.
[4] 鈴木通夫, 『群論 (上, 下)』, 岩波書店, 1977, 1978.
[5] 永田雅宜, 『可換体論』(数学選書 6), 裳華房, 1985.
[6] 森田康夫, 『代数概論』, 裳華房, 1987.
[7] 永尾汎, 『代数学』(新数学講座 4), 朝倉書店, 1983.
[8] 桂利行, 『代数学 (1–3)』, 東京大学出版会, 2004, 2007, 2005.
[9] 内田伏一, 『集合と位相』(数学シリーズ), 裳華房, 1986.
[10] 近藤武, 『群論』(岩波基礎数学選書), 岩波書店, 1991.
[11] J.-P. セール (著), 岩堀長慶・横沼健雄 (訳), 『有限群の線形表現』, 岩波書店, 1974.
[12] M. Artin, *Algebra*, second edition, Addison Wesley, 2010.
[13] S. Lang, *Algebra*, third edition (Graduate Texts in Mathematics 221), Springer-Verlag, 2002.
[14] N. Jacobson, *Basic Algebra* I, II, second edition, Dover Publications, 2009.
[15] W. Fulton, J. Harris, *Representation theory, —A first course*, Graduate Texts in Mathematics 129, Springer-Verlag, 1991.
[16] Joseph J. Rotman, *An introduction to the theory of groups*, Graduate Texts in Mathematics 148, Springer-Verlag, New York, 1995.
[17] M. Suzuki, *Group theory* I, II, Grundlehren der Mathematischen Wissenschaften Fundamental Principles of Mathematical Sciences 247, 248, Springer-Verlag, Berlin-New York, 1982, 1986.
[18] V.J. Katz, K.H. Parshall, *Taming the unknown*, A history of algebra from antiquity to the early twentieth century, Princeton University Press, Princeton, NJ, 2014.
[19] D.S. Dummit, R.M. Foote, *Abstract algebra*, John Wiley & Sons, Inc., Hoboken, NJ, 2004.

索引

記号

数字・アルファベット

あ行

か行

さ行

た行

な行

は行

ま行

や行

ら行

わ行

雪江明彦（ゆきえ・あきひこ）

略歴
1957年　甲府市に生まれる．
1980年　東京大学理学部数学科を卒業．
1986年　ハーバード大学にてPh.D.を取得．
ブラウン大学，オクラホマ州立大学，プリンストン高等研究所，ゲッチンゲン大学，オクラホマ州立大学，東北大学教授，京都大学教授を歴任．
現　在　東北大学名誉教授，京都大学名誉教授．
専門は，幾何学的不変式論，解析的整数論．

主な著書
Shintani Zeta Functions（Cambridge University Press）
『線形代数学概説』（培風館）
『概説 微分積分学』（培風館）
『文科系のための自然科学総合実験』（共著，東北大学出版会）
『代数学 1–3』［第2版］（日本評論社）
『整数論 1–3』（日本評論社）

代数学1　群論入門［第2版］

2010年11月25日　第1版第1刷発行
2023年11月25日　第2版第1刷発行
2024年4月25日　第2版第2刷発行

著者　雪江明彦
発行所　株式会社 日本評論社
〒170-8474 東京都豊島区南大塚 3-12-4
電話　(03) 3987-8621［販売］
(03) 3987-8599［編集］
印刷　藤原印刷株式会社
製本　株式会社難波製本
装幀　海保 透

ISBN978-4-535-78997-5